실무 중심 [공학과 기술 시리즈 III]

기계설계 기술

저자 황종대

감수 박종규
이상태
박수천

光文閣
www.kwangmoonkag.co.kr

머리말

필자는 우리 기계 공학도와 현장 기술자들이 4차 산업혁명 시대, 기계 관련 산업을 주도적으로 이끌어가기 위한 4CM 통합 기술을 제안한 바 있다. 즉 CAD(설계, 해석), CAM(경로 생성), CNC(기계 구동), CAT(측정검사, 품질관리) 및 Maintenance(유지보수, 생산관리)의 4CM 기술을 통합적으로 운용하여 기계 관련 산업의 효율성을 강화할 필요가 있다는 것이다. 여기에 더하여 자동화 및 인공지능(AI) 기술을 융합한 스마트 융합 제조 기술로 변화 발전할 필요가 있을 것이다.

공학(머리)과 기술(손)은 창의적 설계에 기반한 숙련 기술의 접목이라는 점에서 스마트 융합 제조를 위한 핵심 도구라 생각된다. 세부적인 기술 항목으로 보면 [5축가공 기술]과 [CAD/CAM 기술] 등 지난 [공학과 기술 시리즈]에 연재하여 출간한 응용 기술과 더불어 이번 [기계설계 기술]은 세상을 풍요롭고 가치 있게 만드는 창의적 제품을 적은 비용으로 질 좋게 생산하기 위한 기본 기술 분야일 것이다.

1장에서는 기계설계 기술을 구현하기 위한 물리량과 단위 체계를 다루었다. 기계공학의 모든 분야가 물리량과 단위 체계로 기술되고 응용된다는 점에서 기본 개념을 충분히 숙지하고 공학적 문제정의에 접근해야 할 것이다. 2장에서는 체결용, 전동용, 축계, 완충 및 제동용, 관용 기계요소 등 기계요소 설계를 다룬다. 각 세부 요소 항목마다 기본 이론과 공식을 이해한 뒤 최근 10년간 국가기술자격시험에 기출된 문제를 중심으로 응용 학습을 하도록 하였으며 문제 정의와 단위 통일, 공식에 대입 및 풀이와 같이 일관된 방향으로 문제 해결을 수행하도록 구성하였다. 3장에서는 축, 동력 전달 장치, 바이스 등 기계설계 실무 문제를 다루었다. 특히 기계설계기사 등 관련 국가기술자격 시험의 실기 문제도 해결할 수 있도록 구성하였다. 마지막 4장에서는 3장에서 다룬 예제를 대상으로 유한요소 해석을 통하여 설계적 접근과 해석적 접근을 병행할 수 있는 능력 배양에 중점을 두었다.

독자 제현께서 기계설계 기술을 활용하여 세상을 이롭게 하는 창의적 설계와 효율적 제조 업무를 수행하는데 작으나마 본서가 이바지하기를 바라며 늘 [공학과 기술] 시리즈에 관심을 가지고 응원해 주신 여러분께 감사의 말씀을 전한다. 도서출판 광문각의 박정태 대표님과 관계자 분들께도 감사의 인사를 전하며, 기계 기술을 펼침에 있어 늘 즐거움과 보람이 함께 하시길 기원합니다.

2021년 8월 저자 올림

1 물리량과 단위 / 7

2 기계요소 설계 / 45

3 기계설계 실무 / 165

4 유한요소 해석 / 213

1. 물리량과 단위

1 물리량과 단위

1.1 물리량과 단위 체계

1) 물리량과 단위

- 물리량 : 자연 현상을 정량적으로 표현하기 위한 양 (길이, 질량, 시간, 온도, 전류, 조도, 시공)
- 단위 : 물리량을 표현하기 위한 기호 (SI 단위계, 중력 단위계)

2) 10의 멱수(exponent)

인자	명칭	기호	사례
10^9	Giga	G	GPa
10^6	Mega	M	MPa
10^3	kilo	k	km, kg, kW
10^2	hecto	h	hPa
10^1	deca	da	da$l$
10^0			m
10^{-1}	deci	d	dB
10^{-2}	centi	c	cm
10^{-3}	milli	m	mm
10^{-6}	micro	μ	μm
10^{-9}	nano	n	nm

Q1) $7\times 10^{6}\mu m = ?m$

A1) $7\times 10^{6}\mu m = 7\times 10^{6}\times 10^{-6} = 7m$

Q2) $7m = ?\mu m$

A2) $7\times 10^{6}\mu m$

Q3) $8.5\times 10^{-6}km = ?cm$

A3)
$$
\begin{aligned}
& 8.5\times 10^{-6}\times 10^{3}m \\
&= 8.5\times 10^{-6}\times 10^{3}\times 10^{2}cm \\
&= 8.5\times 10^{-1}cm \\
&= 0.85cm
\end{aligned}
$$

1.2 속도와 가속도

1) 길이

- 길이 : 거리의 크기 (기본단위: 하나의 단위로만 구성됨)
- 기호 : l (length)
- 단위 : m (1m는 빛이 진공에서 약 1/30억 초 동안 진행된 거리)
- 1m = 10^2cm = 10^3mm = 10^{-3}km
- 1inch = 25.4mm

Q1) 허리둘레 30 inch는 몇 mm인가?

A1) 30 inch = $30 \times 25.4mm = 762mm$

Q2) 1m는 몇 inch인가?

A2) 1m = $1 \times 10^3 mm = 1 \times 10^3 \times \frac{1}{25.4}$inch = 39.37inch

2) 속도

- 속도 : 시간에 따른 거리 변화량 (유도단위 : 둘 이상의 기본 단위로 정함)
- 기호 : v (velocity)
- 단위 : m/s

(1) 선속도

$$v = \frac{\Delta l}{t}(m/s) = \frac{l_2 - l_1}{t}(m/s)$$

(2) 회전체의 접선 속도, v

원주거리, $l = \pi d$

$1\,rpm\,(= 1rev/\text{min})$ 동안 이동한 거리는
원주거리, l이므로
접선 속도, $v = \dfrac{l}{t} = \dfrac{\pi d(mm) \times 1(rev)}{\text{min}}$

$N(rpm)$동안 이동한 거리는
원주거리, $l \times N$이므로
접선 속도, $v = \dfrac{l}{t} = \dfrac{\pi d(mm) \times N(rev)}{\text{min}}$

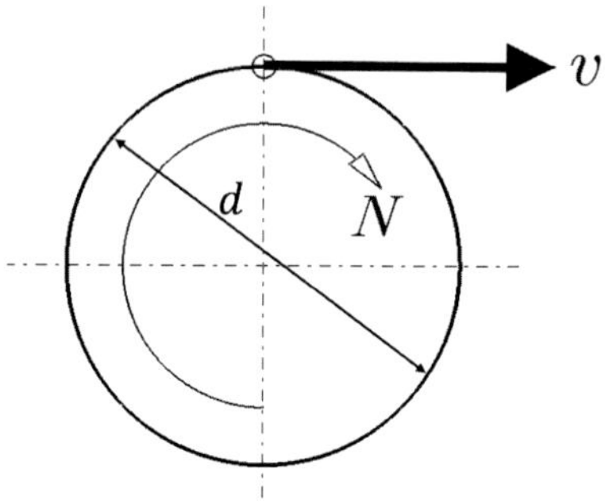

직경을 mm로 하면 원주 속도의 절댓값이
너무 크므로 m로 환산하면

$$\text{접선 속도, } v = \frac{l}{t} = \frac{\pi d(m) \times N(rev)}{1000(\text{min})}$$

$$v = \frac{\pi d N}{1000}(m/\text{min})$$

v : 회전체의 접선 속도, 절삭 속도(m/min), l : 원주 거리(mm), t : 시간(min)
d : 직경(mm), N : 회전수(rpm)

Q1) 밀링머신에서 커터 지름이 120mm, 한 날당 이송이 0.1mm, 커터 날수가 4날, 회전수가 900rpm일 때, 절삭 속도는 약 몇 m/min인가?

① 33.9 ② 113 ③ 214 ❹ 339

문제 정의	문제 해결
A1) $d = 120mm$ $f_z = 0.1mm,\ Z = 4$ $N = 900rpm,\ v = ?m/\text{min}$	$v = \dfrac{\pi dN}{1000} = \dfrac{\pi \times 120 \times 900}{1000} = 339.29$

- 일러두기 1 : 위 문항 Q1)에 대한 해설이 A1)이다.
- 일러두기 2 : 위 예제와 같이 공학적 계산이 필요한 문제의 경우 문제 정의와 문제 풀이의 순서로 푼다.
- 문제 정의 과정 : 기호, 숫자, 단위의 순으로 문제를 정의한다. 분수로 된 항의 단위는 그대로 두고 나머지 항을 분수로 된 항의 단위로 통일한다.
- 문제 풀이 과정 : 기본 공식을 적고 문제에서 요구하는 미지수에 대해 식을 정리한 뒤 문제 정의에서 단위 통일을 수행한 숫자를 공식에 대입하여 계산한다.

Q2) 드릴의 속도가 v(m/min), 지름이 d(mm)일 때, 드릴의 회전수 N(rpm)을 구하는 식은?

① $N=\frac{1000}{\pi dv}$ ❷ $N=\frac{1000v}{\pi d}$ ③ $N=\frac{\pi dv}{1000}$ ④ $N=\frac{\pi d}{1000v}$

A2) $v=\frac{\pi d N}{1000}$, $N=\frac{1000v}{\pi d}$

Q3) 각속도가 30rad/sec인 원운동을 rpm 단위로 환산하면 얼마인가?

① 157.1 ② 186.5 ③ 257.1 ❹ 286.5

A3) $\omega=30rad/s$
$N=?rpm$

$$30rad/s=30\times\frac{1}{2\pi}(rev)/\frac{1}{60}(\min)$$
$$=\frac{30\times 60}{2\pi}=286.47rpm$$

1 물리량과 단위

3) 가속도

- 가속도 : 시간에 따른 속도 변화량 (유도단위)
- 기호 : a (acceleration)
- 단위 : m/s^2

(1) 가속도 유도

$$a = \frac{\Delta v}{t} = \frac{\frac{l}{t}}{\frac{t}{1}} = \frac{l}{t^2}(m/s^2)$$

$$a = \frac{d}{dt}(v) = \frac{d}{dt}(\frac{l}{t}) = -l \cdot t^{-2} = -\frac{l}{t^2}(m/s^2)$$

단, 가속도의 방향(부호)은 속도 벡터의 방향을 따른다.

(2) 등가속도 운동

① 속도와 가속도

$$a = \frac{d}{dt}(v)$$

$$v = \int a dt = at + C$$

$$C = v_0$$

$$v = v_0 + at$$

$$v = at + v_o \qquad (1)$$

$$v - v_0 = at \qquad (2)$$

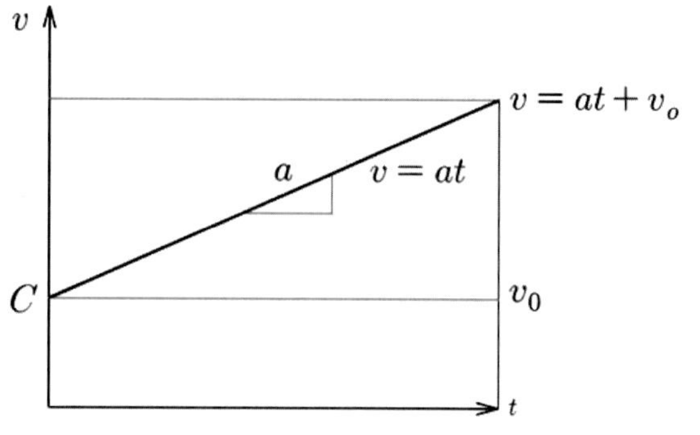

② 속도와 거리

$$v = \frac{d}{dt}(l)$$

$$l = \int v dt = \int (at + v_0) dt$$

$$l = \frac{1}{2}at^2 + v_0 t + C$$

$$C = l_0$$

$$l = \frac{1}{2}at^2 + v_0 t + l_0 \qquad (3)$$

$$l - l_0 = v_0 t + \frac{1}{2}at^2 \qquad (4)$$

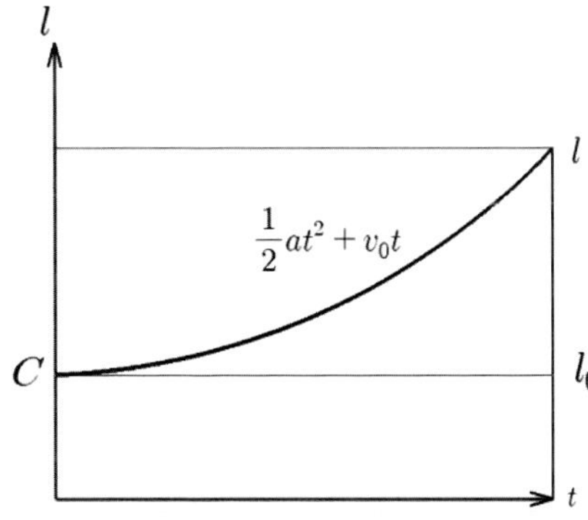

③ 가속도와 거리

식 (1)에서 $t = \frac{v - v_0}{a}$, 식 (4)에 대입하면

$$\begin{aligned} l - l_0 &= \frac{vv_0 - v_0^2}{a} + \frac{1}{2}a\left(\frac{v^2 - 2vv_0 + v_0^2}{a^2}\right) \\ &= \frac{2vv_0 - 2v_0^2 + v^2 - 2vv_0 + v_0^2}{2a} \\ &= \frac{v^2 - v_0^2}{2a} \end{aligned}$$

$$l - l_0 = \frac{v^2 - v_0^2}{2a} \qquad (5)$$

$$2a(l - l_0) = v^2 - v_0^2 \qquad (6)$$

(3) 자유낙하 실험을 통한 중력가속도 유도

① 중력가속도 식 유도

식 (1)에서 $v = gt$ (7)

식 (3)에서 $l = \frac{1}{2}gt^2$ (8)

식 (6)에서 $2gl = v^2$ (9)

식 (8)에서 $l = g(\frac{t^2}{2})$ (10)

$\frac{t^2}{2}$를 X라 하면 $Y = gX$의
직선의 방정식으로 그려지며

기울기 $g = \frac{\Delta l}{\Delta \frac{t^2}{2}}(m/s^2)$ (11)

따라서 가로축을 $\frac{t^2}{2}$, 세로축을 g로 하는 실험을 통하여 중력가속도, g를 구할 수 있다.

② 중력가속도 실험

아래의 〈중력가속도 실험 장치〉를 사용하여 거리를 늘려가면서 강구(Steel ball)를 자유낙하시키고 그때의 낙하 시간을 타이머로 측정하여 기록한다. 가로축을 $\frac{t^2}{2}$, 세로축을 l로 하여 아래 우측의 〈실험 결과 그래프〉를 완성한다.

실험 결과, 낙하 거리 $120cm$일 때 $\frac{t^2}{2} = 0.1224$이었으며 낙하 거리 $25cm$일 때 $\frac{t^2}{2} = 0.0255$이었다. 따라서 아래와 같이 중력가속도, g를 구할 수 있다.

$$g = \frac{\Delta l}{\Delta \frac{t^2}{2}} = \frac{120 - 25}{0.1224 - 0.0255}$$
$$= 980cm/s^2$$
$$= 9.8m/s^2$$

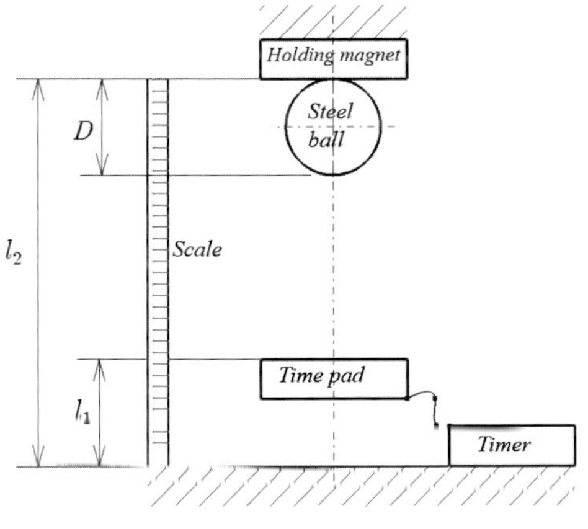

〈중력가속도 실험 장치〉

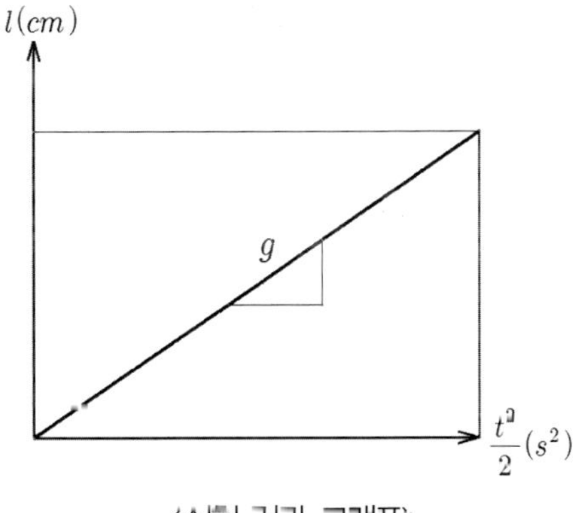

〈실험 결과 그래프〉

1.3 질량과 힘

1) 질량

- 질량 : 물질이 갖는 양으로 중력의 영향과 무관하다. (기본단위)
- 기호 : $m(mass)$
- 단위 : $kg(=kg_m)$
- $1kg$ = 물 $1l$의 무게에 해당하는 국제 킬로그램 원기의 질량

2) 힘

- 힘 : 질량과 가속도의 곱으로, 중력의 영향을 받는다. (유도단위)
- 기호 : $F(Force)$, $W(Weight)$, P
- 단위 : kg_f, N
- 유도 공식 : $F=ma$
- $1N$: $1kg_m$의 질량이 $1m/s^2$의 가속도로 이동할 때의 힘 (SI 단위계)
  ($1N=1kg_m \cdot m/s^2$)
- $1kg_f$: $1kg_m$의 질량이 $9.8m/s^2$의 중력 가속도로 이동할 때의 힘 (중력 단위계)
  ($1kg_f=9.8kg_m \cdot m/s^2=9.8N$)

(1) **운동량** : 질량과 속도의 곱을 운동량(momentum)이라 한다.

$$m_0=m\times v(kg_m \cdot m/s)$$

(2) **힘의 유도** : 시간에 따른 운동량의 변화

$$\begin{aligned} F&=\frac{\Delta mv}{t}=\frac{d}{dt}(mv)=\frac{d}{dt}(m\frac{l}{t}) \\ &=m\cdot l\cdot\frac{d}{dt}(t^{-1})=m\cdot l\cdot(-1)\cdot t^{-2} \\ &=-\frac{m\cdot l}{t^2}=-m\cdot a(kg_m\cdot m/s^2) \end{aligned}$$

단, 가속도의 방향(부호)은 속도 벡터와 모멘텀이 작용하는 방향을 따른다.

(3) 만유인력의 법칙을 이용한 중력가속도 유도

① 만유인력의 법칙

: 모든 물체는 두 물체의 질량의 곱에 비례하고 사이 거리의 제곱에 반비례하는 만유인력이 작용한다.

$$F = G \cdot \frac{m_1 \cdot m_2}{r^2} \left(\frac{m^3}{kg \cdot s^2} \cdot \frac{kg^2}{m^2} \right) \qquad (1)$$

중력 상수, $G = 6.67 \times 10^{-11} (m^3/kg\, s^2)$ (캐번디시의 실험)

지구 질량, $m_1 = 5.98 \times 10^{23} (kg)$

임의 물체 질량, m_2

지구 반경, $r = 6370km$

② 힘과 가속도의 법칙 (뉴턴 제2법칙)

: 물체의 가속도는 작용하는 힘의 크기에 비례하고 질량에는 반비례한다.

$$F = m_2 \cdot a \qquad (2)$$

(1) = (2)라 놓으면

$$F = G \cdot \frac{m_1 \cdot m_2}{r^2} = m_2 \cdot a$$

$$a = \frac{G \cdot m_1 \cdot m_2}{m_2 \cdot r^2} = \frac{6.67 \times 10^{-11} \times 5.98 \times 10^{24}}{(6370 \times 10^3)^2} \left(\frac{m^3 \cdot kg}{kg \cdot s^2 \cdot m^2} \right)$$

$$= 9.8 m/s^2$$

$$\therefore g = 9.8 m/s^2$$

Q1) 지구에서 $60kg$의 질량을 가진 사람의 무게는 몇 kg_f인가? (단 지구에서의 중력가속도는 $9.8m/s^2$이다.)

A1) $60kg_m \times 9.8m/s^2 = 60kg_f$

Q2) 지구에서 $60kg$의 질량을 가진 사람의 무게는 몇 N인가? (단 지구에서의 중력가속도는 $9.8m/s^2$이다.)

A2) $60kg_m \times 9.8m/s^2 = 588N$

Q3) 달에서 $60kg$의 질량을 가진 사람의 무게는 몇 kg_f인가? (단, 달에서의 중력가속도는 지구의 1/6이다.)

A3) $60kg_m \times 9.8m/s^2 \times \frac{1}{6} = 10kg_f$

Q4) 달에서 $60kg$의 질량을 가진 사람의 무게는 몇 N인가? (단, 달에서의 중력가속도는 지구의 1/6이다.)

A4) $60kg_m \times 9.8m/s^2 \times \frac{1}{6} = 98N$

1.4 응력과 변형률

1) 하중(힘)

(1) 하중의 작용 방향에 따른 분류

- 인장하중(Tension force) : 재료를 축 방향으로 늘어나게 하는 하중 (수직하중)
- 압축하중(Compressive force) : 재료를 축 방향으로 누르는 하중 (수직하중)
- 전단하중(Shear force) : 재료를 가위로 자르려는 것과 같은 하중 (수평하중)
- 굽힘하중(Bending force) : 재료를 구부려 휘어지게 하는 하중
- 비틀림하중(Torsion force) : 재료를 비트는(빨래 짜듯이) 형태의 하중 (회전체)
- 좌굴하중(Buckling force) : 세장비가 큰 기둥을 가로 방향으로 휘게 하는 하중

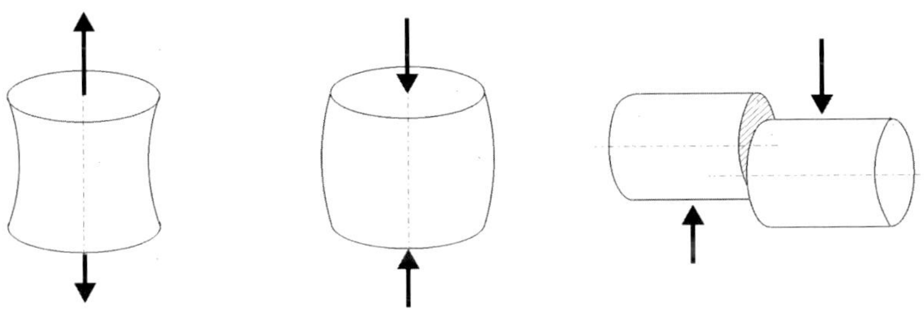

(a) 인장하중 (b) 압축하중 (c) 전단하중

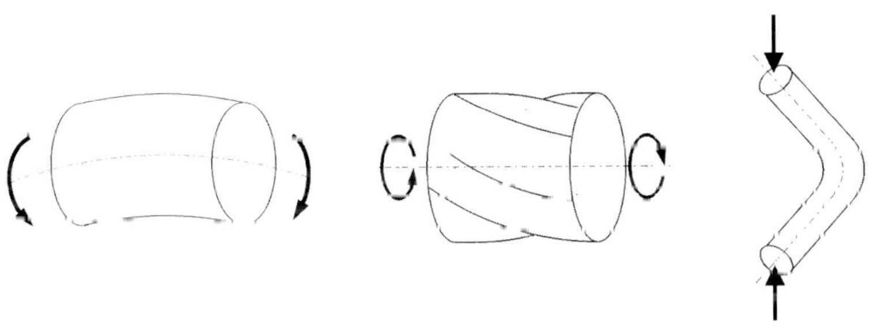

(d) 굽힘하중 (e) 비틀림하중 (f) 좌굴하중

〈하중의 종류〉

(2) 하중의 작용 속도에 따른 분류

- 정하중 : 시간에 따라 변화하지 않거나 무시할 정도의 하중 (속도≈0)
- 동하중 : 시간에 따라 하중의 크기가 변하는 하중으로 아래와 같이 분류함.
  - 변동하중(Variable load) : 하중의 크기와 방향이 시간에 따라 불규칙하게 변하는 하중
  - 반복하중(Repeated load) : 한쪽 방향으로만 주기적으로 반복하는 하중 (편진하중)
  - 교번하중(Alternate load) : 여러 방향(인장, 압축)으로 주기적으로 반복하는 하중 (양진하중)
  - 충격하중(Impact load) : 비교적 단시간에 충격적으로 작용하는 하중

(3) 하중의 분포 상태에 따른 분류

- 집중하중 : 재료의 일정 위치에 집중되는 하중
- 분포하중 : 재료의 특정 면적에 걸쳐서 분포되는 하중으로 균일분포하중과 비균일분포하중으로 분류함.

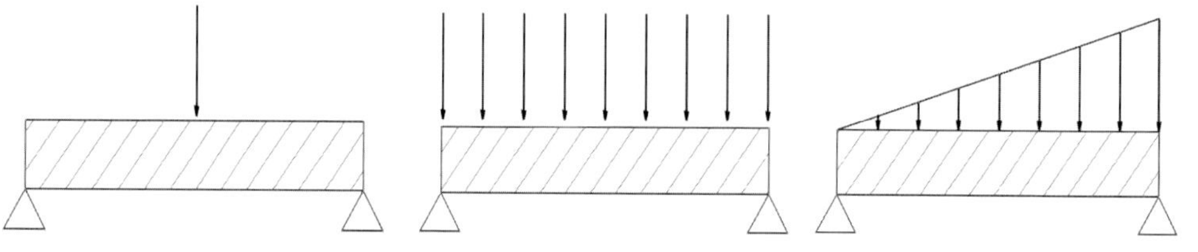

(a) 집중하중 (b) 균일분포하중 (c) 비균일분포하중

〈하중의 분포 상태〉

Q1) 일정한 주기 및 진폭으로 반복하여 계속 작용하는 하중으로 편진하중을 의미하는 것은?

① 변동하중(variable load) ❷ 반복하중(repeated load)

③ 교번하중(alternate load) ④ 충격하중(impact load)

Q2) 하중의 크기 및 방향이 주기적으로 변화하는 하중으로서 양진하중을 의미하는 것은?

① 변동하중 (Variable load) ② 반복하중 (Repeated load)

❸ 교번하중 (alternate load) ④ 충격하중 (impact load)

Q3) 다음 중 일반적으로 안전율을 가장 크게 잡는 하중은? (단, 동일 재질에서 극한 강도 기준의 안전율을 대상으로 한다.)

❶ 충격하중 ② 편진 반복하중

③ 정하중 ④ 양진 반복하중

Q4) 키 홈이나 축의 지름이 급격히 변화하는 부분에서 응력 분포가 불규칙하고 주위의 평균 응력보다 훨씬 큰 응력이 발생하는 것을 무엇이라고 하는가?

① 피로 파괴 ❷ 응력 집중

③ 가공 경화 ④ 크리프

2) 응력(저항)

- 응력 : 단위면적당 작용하는 힘 (유도단위)
- 기호 : - 압력 (pressure) : p
  - 수직응력 (압축응력, 인장응력, normal stress) : σ
  - 수평응력 (전단응력, shear stress) : τ
- 단위 : kg_f/m^2, $Pa(N/m^2)$
- 공식 : $p=\sigma=\tau=\dfrac{F}{A}(kg_f/m^2)$
- $1MPa=10^6N/m^2=10^6N/(10^3mm)^2=10^6N/10^6(mm)^2=1N/mm^2$

(1) 재료에 작용하는 응력

① 수직응력, 전단응력, 압력

$$\sigma = \tau = p = \frac{F}{A}(\frac{kg_f}{mm^2})$$

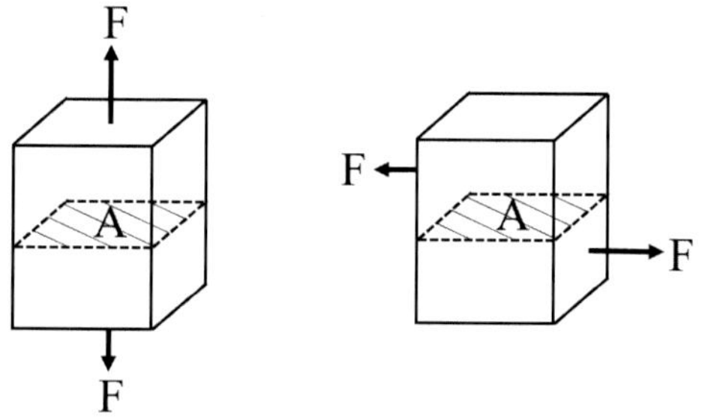

(a) 수직응력 (b) 전단응력

σ : 수직 응력 (kg_f/mm^2), τ : 전단 응력 (kg_f/mm^2), p : 압력 (kg_f/mm^2) (베어링 작용 압력 문제 등), F : 힘 혹은 하중 (kg_f 혹은 N), A : 힘을 받는 단면적 (mm^2)

② 중실축과 중공축의 단면적 비교

- 중실축인 경우

$$\sigma \text{ 혹은 } \tau \text{ 혹은 } p = \frac{F}{A} = \frac{F}{\frac{\pi}{4}(d^2)}$$

- 중공축인 경우

$$\sigma \text{ 혹은 } \tau \text{ 혹은 } p = \frac{F}{A} = \frac{F}{\frac{\pi}{4}(d_2^2-d_1^2)}$$

d : 중실축의 직경, d_2 : 중공축의 외경, d_1 : 중공축의 내경

Q1) 재료를 인장시험 할 때, 재료에 작용하는 하중을 변형 전의 원래 단면적으로 나눈 응력은?

① 인장응력 ② 압축응력 ❸ 공칭응력 ④ 전단응력

Q2) 응력-변형률 선도에서 재료가 저항할 수 있는 최대의 응력을 무엇이라 하는가? (단, 공칭 응력을 기준으로 한다.)

① 비례한도(proportional limit) ② 탄성한도(elastic limit)

③ 항복점(yield point) ❹ 극한강도(ultimate strength)

Q3) 사각형 단면(100mm×60mm)의 기둥에 $10(kg_f/cm^2)$의 압축응력이 발생할 때 압축하중은 약 얼마인가?

① $6,000kg_f$ ❷ $600kg_f$ ③ $60kg_f$ ④ $60,000kg_f$

A3) $b = 100mm = 10cm$ (사각형의 가로 폭)
$h = 60mm = 6cm$ (사각형의 세로 길이)
$\sigma = 10kg_f/cm^2$ (응력)
$F = ?kg_f$ (하중)

$$\sigma = \frac{F}{A} = \frac{F}{b \times h},$$

$$F = b \times h \times \sigma = 10 \times 6 \times 10 = 600kg_f$$

Q4) 정사각형 단면의 봉에 20kN의 압축하중이 작용할 때 생기는 응력을 $5000N/cm^2$가 되게 하려면 정사각형의 한 변의 길이를 약 몇 cm로 해야 하는가?

① 0.2 ② 0.4 ❸ 2 ④ 4

A4) $A = a^2$
$F = 20kN = 20000N$
$\sigma = 5000N/cm^2$
$a = ?cm$

$$\sigma = \frac{F}{A} = \frac{F}{a^2}, \quad a = \sqrt{\frac{F}{\sigma}} = \sqrt{\frac{20000}{5000}} = 2$$

Q5) 한 변이 50mm인 정사각형 단면의 봉에 3t 질량을 가진 물체에 의하여 중력 방향으로 인장하중이 작용할 때 발생하는 인장응력은 약 몇 N/cm^2인가?

① 117.7 ② 141.4 ❸ 1177 ④ 1414

A5) $a = 50mm = 5cm$
$F = 3t = 3000kg_f = 29400N$
$\sigma = ?N/cm^2$

$$\sigma = \frac{F}{A} = \frac{F}{a^2} = \frac{29400}{5^2} = 1176$$

Q6) 사각형 단면(100mm×60mm)의 기둥에 $1N/mm^2$ 전단응력이 발생할 때 전단하중은 약 얼마인가?

❶ 6000 N ② 600 N ③ 60 N ④ 60000 N

Q7) 지름 14mm의 연강봉에 8000N의 전단하중이 작용할 때 발생하는 응력은 몇 N/mm^2인가?

① 15　　② 23　　③ 46　　❹ 52

A7) $d = 14mm$
$F = 8000N$
$\sigma = ?N/mm^2$

$$\sigma = \frac{F}{A} = \frac{8000}{\frac{\pi \times 14^2}{4}} = 51.97$$

Q8) 지름이 10mm 인 시험편에 600N의 인장력이 작용한다고 할 때 이 시험편에 발생하는 인장응력은 약 몇 MPa 인가?

① 95.2　　② 76.4　　❸ 7.64　　④ 9.52

A8) $d = 10mm$
$F = 600N$
$\sigma = ?MPa = ?N/mm^2$

$$\sigma = \frac{F}{A} = \frac{600}{\frac{\pi \times 10^2}{4}} = 7.64$$

$$cf.\ \ 1MPa = 1 \times 10^6 N/m^2 = 1 \times 10^6 N/(10^3 mm)^2 = 1N/mm^2 = \frac{1}{9.8} kg_f/mm^2$$

Q9) 지름이 4cm의 봉재에 인장하중이 1000N이 작용할 때 발생하는 인장응력은 약 얼마인가?

① 127.3N/cm^2　　② 127.3N/mm^2　　❸ 80 N/cm^2　　④ 80 N/mm^2

(2) 베어링에 작용하는 압력 (주로 저널 베어링)

$$p = \frac{F}{A} = \frac{W}{dl}$$

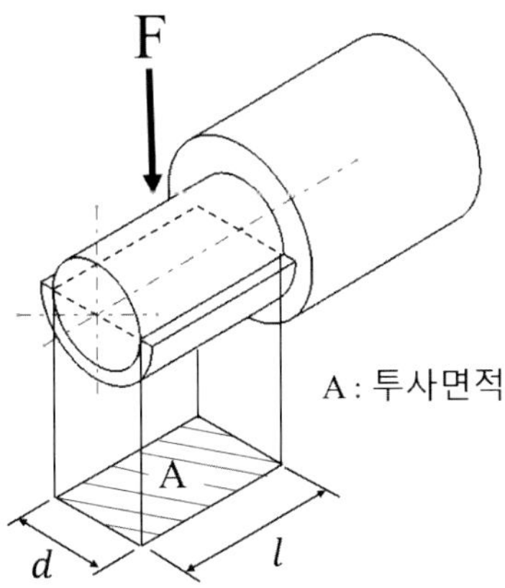

A : 투사면적

p : 베어링 압력(MPa), $F(=W)$: 베어링 하중(N), d :저널 지름(mm), l : 저널 길이(mm)

Q1) 축의 직경 5cm, 길이 10cm인 저널 베어링에 4kN의 하중이 걸리는 경우 저널 베어링 압력은 몇 N/cm^2인가?

① 240 ② 40 ③ 160 ❹ 80

A1) $d = 5cm$
$l = 10cm$
$F = 4kN = 4000N$
$p = ?N/cm^2$

$$p = \frac{F}{A} = \frac{F}{d \cdot l} = \frac{4000}{50} = 80N/cm^2$$

Q2) 400rpm으로 전동축을 지지하고 있는 미끄럼 베어링에서 저널의 지름 $d = 6cm$, 저널의 길이 $l = 10cm$이고, 4.2kN의 레이디얼 하중이 작용할 때, 베어링 압력은 몇 MPa인가?

① 0.5 ② 0.6 ❸ 0.7 ④ 0.8

A2) $N = 400rpm$
$d = 6cm = 60mm$
$l = 10cm = 100mm$
$F = 4.2kN = 4200N$
$p = ?MPa = ?N/mm^2$

$$p = \frac{F}{A} = \frac{F}{d \cdot l} = \frac{4200}{6000} = 0.7N/mm^2 = 0.7MPa$$

Q3) 지름이 25mm이고 길이가 50mm인 저널 베어링에서 5.9kN의 하중을 지지하고 있을 때 저널 면에 작용하는 압력은 약 몇 MPa인가?

① 3.59　　② 4.18

❸ 4.72　　④ 4.90

A2) $d=25mm$
$l=50mm$
$F=5.9kN=5900N$
$p=?MPa=?N/mm^2$

$$p=\frac{F}{A}=\frac{F}{d \cdot l}=\frac{5900}{25\times 50}=4.72N/mm^2=4.72MPa$$

Q4) 420rpm으로 16.20kN의 하중을 받고 있는 엔드 저널의 지름(d)과 폭(l)은? (단, 베어링 작용 압력은 1 N/mm^2, 폭 지름비 l/d=2이다.)

❶ d = 90 mm, l = 180 mm　　② d = 85 mm, l = 170 mm

③ d = 80 mm, l = 160 mm　　④ d = 75 mm, l = 150 mm

A4) $N=420rpm$
$d=?mm$
$l=?mm$
$F=16.2kN=16200N$
$p=1MPa=1N/mm^2$

$$\frac{l}{d}=2,\ l=2d$$
$$p=\frac{F}{A}=\frac{F}{d \cdot l}=\frac{F}{d \cdot 2d}=\frac{F}{2d^2}$$
$$d=\sqrt{\frac{F}{2p}}=\sqrt{\frac{16200}{2\times 1}}=90$$
$$l=2d=2\times 90=180$$

Q5) 45kN의 하중을 받는 엔드 저널의 지름은 약 몇 mm인가? (단, 저널의 지름과 길이의 비, $\frac{\text{길이}}{\text{지름}}=1.5$이고, 저널이 받는 평균 압력은 5MPa이다.)

① 70.9　　② 74.6　　❸ 77.5　　④ 82.4

A5) $d=?mm$
$F=45kN=45000N$
$p=5MPa=5N/mm^2$

$$\frac{l}{d}=1.5,\ l=1.5d$$
$$p=\frac{F}{A}=\frac{F}{d \cdot l}=\frac{F}{d \cdot 1.5d}=\frac{F}{1.5d^2}$$
$$d=\sqrt{\frac{F}{1.5p}}=\sqrt{\frac{45000}{1.5\times 5}}=77.5$$

3) 변형률, 연신율

- 변형률 : 원래 길이에 대한 늘어난 길이의 비
- 기호 : ϵ (strain)
- 단위 : 무차원
- 연신율 = 변형률×100%

(1) 인장 변형	(2) 압축 변형
$\epsilon = \dfrac{\text{늘어난 길이}}{\text{처음 길이}} = \dfrac{\delta}{l} = \dfrac{\lvert l_2 - l_1 \rvert}{l_1}$	$\epsilon = \dfrac{\text{줄어든 길이}}{\text{처음 길이}} = \dfrac{\delta}{l} = \dfrac{\lvert l_1 - l_2 \rvert}{l_1}$

ϵ : 변형률, l_1 : 처음 길이, l_2 : 나중 길이, δ : 늘어난 길이(변형량)

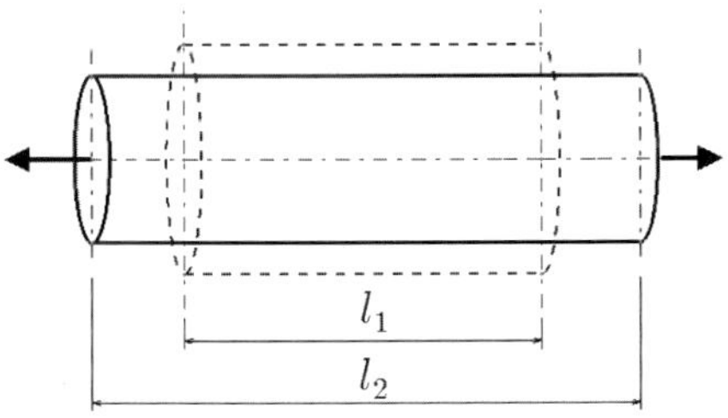

(a) 인장 변형

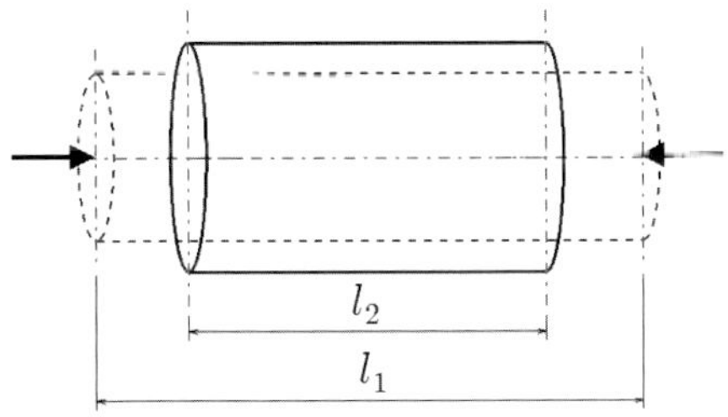

(b) 압축 변형

(3) 가로 변형	(4) 전단 변형
$\epsilon' = \dfrac{\text{늘어난 직경}}{\text{처음 직경}} = \dfrac{\delta_d}{d} = \dfrac{\lvert d_2 - d_1 \rvert}{d_1}$	$\gamma = \dfrac{\delta_s}{l} = \tan\phi$

ϵ' : 가로 변형률, d_1 : 처음 직경, d_2 : 나중 직경, δ_d : 늘어난 직경(변형량)

γ : 전단 변형률, δ_s : 전단 변형량, ϕ : 전단각

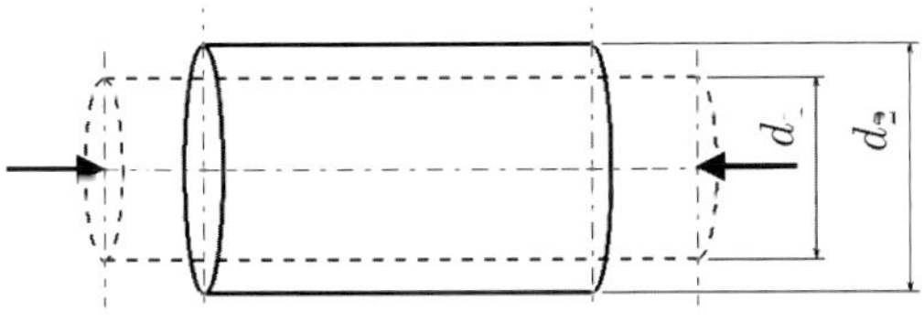

(a) 가로 변형

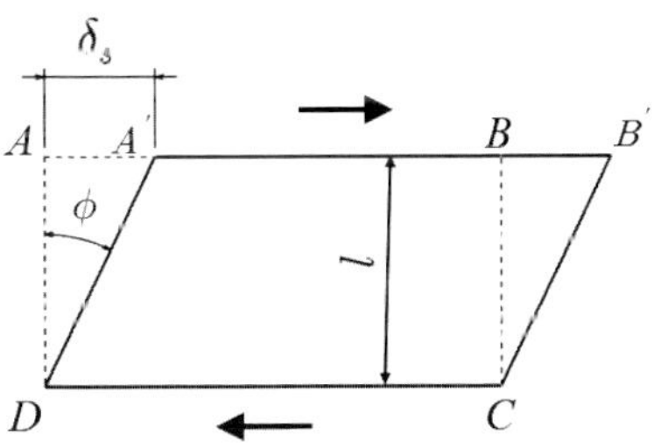

(b) 전단 변형

Q1) 다음 중 변형률(strain, ϵ)에 관한 식으로 옳은 것은? (단, l : 재료의 원래길이, δ : 줄거나 늘어난 길이, A : 단면적, σ : 작용 응력)

① $\epsilon=\delta\times l$　　② $\epsilon=\sigma/l$

③ $\epsilon=\sigma\times l$　　❹ $\epsilon=\delta/l$

Q2) 길이가 100mm인 봉이 인장응력을 받았을 때 변형률이 1이라면 변형 후의 전체 길이는?

① 50mm　② 100mm　③ 150mm　❹ 200mm

A2) $l_1=100mm$
$\epsilon=1$
$l_2=?mm$

$$\epsilon=\frac{l_2-l_1}{l_1}=1$$
$$\epsilon\cdot l_1=l_2-l_1$$
$$1\cdot 100=l_2-100$$
$$l_2=200$$

Q3) 지름 20mm, 길이 500mm인 탄소강재에 인장하중이 작용하여 길이가 502mm가 되었다면 변형률은?

① 0.01　② 1.004　③ 0.02　❹ 0.004

A3) $d=20mm$
$l_1=500mm$
$l_2=502mm$
$\epsilon=?$

$$\epsilon=\frac{l_2-l_1}{l_1}=\frac{502-500}{500}=\frac{2}{500}=0.004$$

*연신율 = 변형률 × 100% = 0.4%

4) 후크의 법칙

후크의 법칙은 탄성이 있는 물체가 외력에 의해 변형되었을 때 원래 형태로 돌아가려는 복원력의 크기와 변형량의 관계를 나타내는 물리 법칙이다. 많은 탄성체에서 변형의 정도가 작을 때 복원력(F)과 변형량(x or δ) 사이에는 비례관계가 성립한다. 이것을 발견한 로버트 훅의 이름을 기념하여 후크의 법칙(Hook's law)이라 한다. 일반적으로 아래 그림과 같은 스프링에서 스프링의 탄성계수를 K라 하면 다음 식이 성립한다.

$$F = Kx \quad \text{or} \quad F = K\delta$$

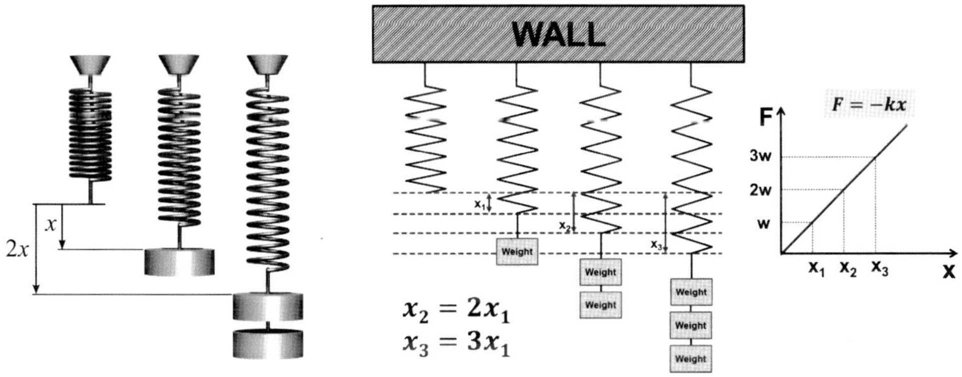

〈스프링 상수〉

또한, 복원력(F)을 단면적(A)으로 나누면 응력(stress) σ이고 변형량(x or δ)을 초기 길이(l)로 나누면 변형률(strain) ϵ이 되므로 아래와 같은 식이 성립하며 후크의 법칙을 나타낸다.

$$\sigma = E\epsilon$$

σ : 응력, E: 탄성계수, ϵ : 변형률

연강의 인장시험을 수행하면 아래와 같이 응력 변형률 선도를 얻을 수 있으며 후크의 법칙이 적용되는 구간은 비례한도 구간인 OA이다.

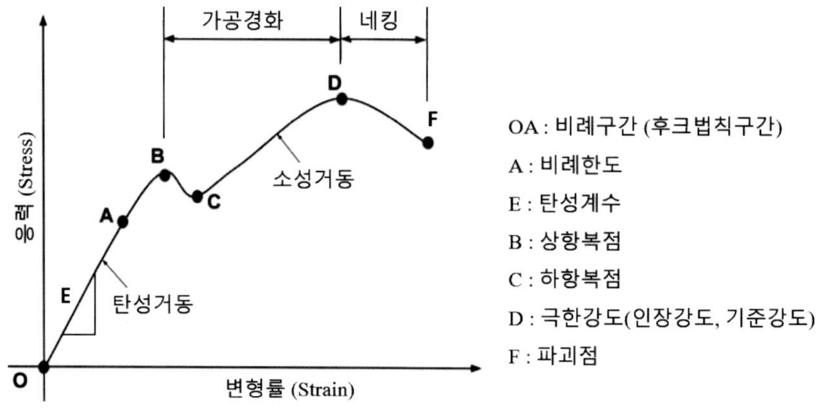

〈연강의 응력 변형률 선도〉

Q1) 연강의 응력-변형률 선도에서 후크의 법칙(Hook's law)이 성립하는 구간으로 알맞은 것은?

① 항복점 ② 극한강도 ❸ 비례한도 ④ 소성변형

Q2) 세로탄성계수 E(N/mm^2)와 응력 σ (N/mm^2), 세로 변형률 ϵ과의 관계식으로 맞는 것은?

❶ $E=\sigma/\varepsilon$ ② $E=\varepsilon/\sigma$

③ $E=\dfrac{2\epsilon}{\sigma}$ ④ $E=\dfrac{\epsilon}{2\sigma}$

Q3) 외경 10cm, 내경 5cm의 속빈 원통이 축 방향으로 100kN의 인장하중을 받고 있다. 이때 축 방향 변형률은? (단, 이 원통의 세로탄성계수는 120GPa이다.)

❶ 1.415×10^{-4} ② 2.415×10^{-4}

③ 1.415×10^{-3} ④ 2.415×10^{-3}

A3) $d_2=10cm=100mm$

$d_1=5cm=50mm$

$F=100kN=100000N$

$E=120\,GPa=120\times10^3MPa$

$=120\times10^3N/mm^2$

$\epsilon=?$

$$A=\frac{\pi}{4}(d_2^2-d_1^2)=\frac{\pi}{4}(100^2-50^2)=5890.5mm^2$$

$$\sigma=\frac{F}{A}=\frac{100000}{5890}=17$$

$$\sigma=E\epsilon$$

$$\epsilon=\frac{\sigma}{E}=\frac{17}{120\times10^3}=0.0001416=1.416\times10^{-4}$$

5) 안전율

허용응력(사용응력)에 대한 기준강도의 비를 안전율(안전도)이라 한다. 기준강도는 아래와 같이 재료의 종류나 하중의 상태에 따라 선택하여 정한다.

$$S = \frac{\sigma_s}{\sigma_a}$$

σ_s : 기준강도 (standard strength), σ_a : 허용응력(=사용응력) (allowable stress)

(1) 기준강도 선정

- 정하중(연강)일 때 : 항복강도, σ_y (yield strength)
- 정하중(주철과 같은 취성재)일 때 : 극한강도 (인장강도, 압축강도), σ_u (ultimate strength)
- 반복하중일 때 : 피로강도, σ_f (fatigue strength)
- 고온 장시간 정하중일 때 : 크리프 강도, σ_c (creep strength)

(2) 안전율 선정

- 정하중 $\approx$ 3
- 편하중(반복하중) $\approx$ 5
- 교번하중 $\approx$ 8
- 충격하중 $\approx$ 12

Q1) 항복응력을 σ_y, 허용응력을 σ_a라 할 때, 안전율(safety factor) S_f를 옳게 나타낸 것은?

❶ $S_f = \frac{\sigma_y}{\sigma_a} > 1$　　② $S_f = \frac{\sigma_y}{\sigma_a} < 1$

③ $S_f = \frac{\sigma_a}{\sigma_y} > 1$　　④ $S_f = \frac{\sigma_a}{\sigma_y} < 1$

Q2) 안전율에 대한 설명으로 틀린 것은?

① 안전율은 항상 1보다 큰 값을 갖는다.
② 재료의 허용응력에 대한 기준강도의 비이다.
❸ 재료의 허용응력이 기준강도보다 반드시 커야 한다.
④ 충격하중은 정하중보다 안전율을 크게 한다.

Q3) 단면적이 $600mm^2$인 봉에 $600kg_f$의 추를 달았더니 이 봉에 생긴 인장응력이 재료의 허용 인장응력에 도달하였다. 이 봉재의 극한강도가 $500kg_f/cm^2$이면 안전율은 얼마인가?

① 2　　② 3　　③ 4　　❹ 5

A3) $d = 600mm^2 = 600 \cdot (\frac{1}{10}cm)^2 = 6cm^2$

$F = 600kg_f$

$\sigma_u = 500kg_f/cm^2$

$S = ?$

$$\sigma_a = \frac{F}{A} = \frac{600}{6} = 100$$

$$S = \frac{\sigma_u}{\sigma_a} = \frac{500}{100} = 5$$

1.5 밀도와 비중량

1) 밀도

- 밀도 : 단위체적당 작용하는 질량 (유도단위)
- 기호 : ρ (density)
- 단위 : $kg_m/m^3(=kg/m^3)$
- 공식 : $\rho=\dfrac{m}{V}(kg_m/m^3)$
- 물의 밀도 : $1000kg/m^3$=$1000kg/1000l=1kg/l=1000g/1000cc=1g/cc$

Q1) 물은 1cc는 몇 g의 질량을 가지는가?

A1) $\rho=\dfrac{m}{V}$

$$
\begin{aligned}
m &= \rho\times V\\
&=1000kg/m^3\times 1cm^3\\
&=1000kg/m^3\times 1\times(10^{-2}m)^3\\
&=1000kg/m^3\times 10^{-6}m^3\\
&=10^{-3}kg=10^{-3}\times 10^3g=1g
\end{aligned}
$$

2) 비중량

- 비중량 : 단위체적당 작용하는 힘 (유도단위)
- 기호 : γ (Specific weight),
- 단위 : kg_f/m^3
- 공식 : $\gamma=\dfrac{W}{V}(kg_f/m^3)$
- 물의 비중량 : $1000kg_f/m^3$ = $9800N/m^3$

(1) 주요 물질 비중량

- 물 : $1000kg_f/m^3$
- Mg : $1700kg_f/m^3$
- Al : $2700kg_f/m^3$
- 주철 : $7200kg_f/m^3$
- 강 : $7850kg_f/m^3$

Q1) 가로×세로×높이가 70×70×20t인 주철 판재의 무게는?

A1) $a = 70mm = 0.07m$
$b = 70mm = 0.07m$
$t = 20mm = 0.02m$

$\gamma_{주철} = 7200kg_f/m^3$

$V = a \cdot b \cdot t = 0.07 \times 0.07 \times 0.02 = 9.8 \times 10^{-5}m^3$

$\gamma_{주철} = \frac{W}{V}$, $W = \gamma_{주철} \cdot V$
$= 7200 \times 9.8 \times 10^{-5}$
$= 0.7kg_f$

Q2) 그림과 같은 부품의 중량은 약 몇 g인가? (단, 부품 재질의 단위 체적당 중량은 7.21g/cm^{3}이다.)

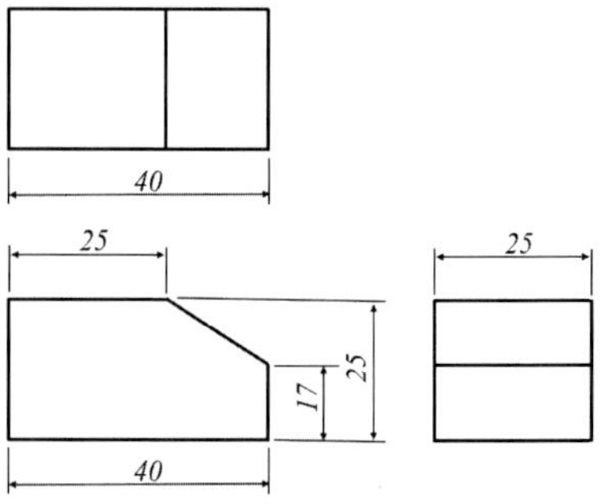

① 137.16g ② 158.82g
❸ 169.43g ④ 180.47g

A2) 도면의 치수를 cm로 바꾼다.

$\gamma = 7.21g_f/cm^3$

① 육면체의 체적

$V_1 = 4 \times 2.5 \times 2.5 = 25cm^3$

② 삼각기둥의 체적

$V_2 = \frac{1}{2} \times 1.5 \times 0.8 \times 2.5 = 1.5cm^3$

③ 육면체에서 삼각기둥을 제거

$V_1 - V_2 = 23.5cm^3$

④ 중량 계산

$W = \gamma \cdot V = 7.21 \times 23.5 = 169.44g$

Q3) ∅ 50× 100l 인 강봉의 중량은?

A3) $d = 50mm$
$l = 100mm$

$$V = \frac{\pi \times d^2}{4} \times l = \frac{\pi \times 50^2}{4} \times 100$$
$$= 196349.54mm^3 = 196349.54(10^{-3}m)^3 = 196349.54 \times 10^{-9}m^3$$

$$W = \gamma_{강} \cdot V = 7850\,kg_f/m^3 \times 196349.54 \times 10^{-9}m^3 = 1.54\,kg_f$$

(2) 비중

- 비중 : 임의 물질의 비중량을 물의 비중량으로 나눈 값 (무차원)
- 기호 : S (Specific gravity),
- 단위 : 무차원
- 공식 : $S = \frac{\gamma_m}{\gamma_w}$

- 주요 물질의 비중
  - $S_{강} = \frac{7850kg_f/m^3}{1000kg_f/m^3} = 7.85$
  - $S_{Al} = \frac{2700kg_f/m^3}{1000kg_f/m^3} = 2.7$
  - $S_w = \frac{1000kg_f/m^3}{1000kg_f/m^3} = 1$

1.6 일과 열

- 일 : 힘과 거리의 곱으로 토크, 모멘트, 에너지의 형태로 구분됨. (유도단위)
- 열 : 온도에 의해 발생한 에너지. (유도단위)
- 기호 : - 일 : W (Work)
  - 모멘트 : M (Moment)
  - 토크 : T (Torque)
  - 열 : Q (Quantity of heat)
  - 에너지 : E (Energy)
- 단위 : $kg_f \cdot m$, $N \cdot m$, $kcal$, kJ
- 공식 : $W = M = F \times l\,(kg_f \cdot m)$, $T = F \times r\,(kg_f \cdot m)$
- 일의 열당량 : $A = \frac{1}{427} kcal/kg_f \cdot m$
- $Q = A \cdot W$
- $1kg_f \cdot m = 9.8N \cdot m = 9.8J$

Q1) $1kcal$는 몇 $kg_f \cdot m$인가? 몇 kJ인가?

A1) $Q = AW,\ W = \frac{Q}{A} = \frac{\frac{Q}{1}}{\frac{1(kcal)}{427(kg_f \cdot m)}} = 427kg_f \cdot m/kcal \times 1kcal$

$= 427kg_f \cdot m = 4184.6N \cdot m = 4.18kJ$

Q2) $60kg_f$인 사람이 2km 이동하는데 소요되는 열량은?

A2) $Q = AW = \frac{1}{427}(kcal/kg_f \cdot m) \times 60(kg_f) \times 2000(m)$

$= 281\,kcal$ (밥 1공기는 약 $300kcal$)

1.7 일률과 동력

- 일률 : 단위 시간당 수행한 일량
- 기호 : - 일률 : W_R (Work Ratio),
  - 동력 : H_{kw}
  - 마력 : H_{ps}
- 단위 : - 일률 : J/s
  - 동력 : kW (=전력)
  - 마력 : ps
- $1kW$ = $102kg_f \cdot m/s = 102 \times 9.8N \cdot m/s = 1000J/s = 1000W$
- $1ps$ = $75kg_f \cdot m/s = 75 \times 9.8N \cdot m/s = 735J/s = 735W$

1) 동력과 마력

$F(kg_f)$, $v(m/\min)$으로 주어질 때,

$$H_{kw} = F \cdot v(kg_f \cdot m/\min) = F \cdot v(kg_f \cdot m/60s)$$
$$= \frac{F \cdot v}{60}(kg_f \cdot m/s)$$

$1kW = 102kg_f \cdot m/s$, $1kg_f \cdot m/s = \frac{1}{102}kW$이므로

$$H_{kw} = \frac{F \cdot v}{60}(kg_f \cdot m/s) = \frac{F \cdot v}{60 \cdot 102}(kW)$$

동력, H_{kw} = $\frac{F \cdot v}{102 \cdot 60}(kW)$, $(1kW = 102kg_f \cdot m/s)$

마력, H_{ps} = $\frac{F \cdot v}{75 \cdot 60}(ps)$, $(1ps = 75kg_f \cdot m/s)$

- 힘, $F(kg_f)$: 동력은 중력단위계인 kg_f에서 유도되므로 힘이 N으로 주어진 경우 반드시 kg_f로 변환함.
- 절삭속도, $v(m/\min)$: 절삭속도의 경우 단위를 $m/\min$으로 하고 절삭속도가 아닌 일반적인 속도 단위인 경우 문제에서 주어진 단위와 통일하여 사용함.

2) 효율

$$\eta = \frac{H_o}{H_i}, \qquad H_i = \frac{H_o}{\eta}$$

H_i : 입력 동력 = 공급 동력 = 전체 동력 = 절삭 동력, H_o : 출력 동력 = 실제 사용 동력 = 유효 동력

Q1) 선반에서 지름 102mm인 환봉을 300rpm으로 가공할 때 절삭 저항력이 100kg$_f$ 이었다. 이때 선반의 절삭 효율을 75%라 하면 절삭 동력은 약 몇 kW인가?

① 1.4 ❷ 2.1 ③ 3.6 ④ 5.4

A1) $d = 102mm$
$N = 300rpm$
$F = 100kg_f$
$\eta = 75\% = 0.75$
$H_{kw} = ?kW$

$$H_{kw} = \frac{F \cdot v}{102 \cdot 60}, \quad v = \frac{\pi dN}{1000} = \frac{\pi \cdot 102 \cdot 300}{1000} = 96.13$$

$$H_{kw} = \frac{100 \cdot 96.13}{102 \cdot 60} = 1.57(kW)$$

$$H_i = \frac{H_o}{\eta} = \frac{1.57}{0.75} = 2.1(kW)$$

Q2) 평면 연삭기에서 연삭숫돌의 원주 속도 v=2500m/min이고, 연삭저항 F=150N이며 연삭기에 공급된 연삭 동력이 10kW일 때 연삭기의 효율은 약 얼마인가?

① 53 % ❷ 63 % ③ 73 % ④ 83 %

A2) $v = 2500m/\min$
$F = 150N = 15.3kg_f$
$H_i = 10kW$
$\eta = ?\%$

$$H_o = \frac{15.3 \times 2500}{102 \times 60} = 6.25$$

$$\eta = \frac{H_o}{H_i} = \frac{H_o}{10} = \frac{6.25}{10} = 0.625$$

$$\eta = 62.5\%$$

Q3) 2.2kW의 동력을 1800rpm으로 전달시키는 표준 스퍼기어가 있다. 이 기어에 작용하는 회전력은 약 몇 N인가? (단, 스퍼기어 모듈 4이고, 잇수는 25이다.)

① 163　　② 195　　❸ 233　　④ 289

A3) $H_{kw} = 2.2kW$
$N = 1800rpm$

$M = 4$
$Z = 25$
$F = ?N$

$$H_{kw} = \frac{F \cdot v}{102 \cdot 60}, \quad v = \frac{\pi dN}{1000}$$

기어의 피치원지름, $D = M \cdot Z = 4 \cdot 25 = 100$

$$v = \frac{\pi \cdot 100 \cdot 1800}{1000} = 565$$

$$F = \frac{102 \cdot 60 \cdot H_{kw}}{v} = \frac{102 \cdot 60 \cdot 2.2}{565} = 23.8(kg_f)$$

$$F = 23.8 \times 9.8 = 233(N)$$

Q4) 풀리의 지름이 250mm, 회전수가 1400rpm으로 5kW의 동력을 전달할 때 벨트의 유효장력은 약 몇 N인가? (단, 원심력과 마찰은 무시한다.)

① 24　　② 93　　③ 239　　❹ 273

A4) $d = 250mm$
$N = 1400rpm$
$H_{kw} = 5kW$
$F = ?N$

$$H_{kw} = \frac{F \cdot v}{102 \cdot 60}, \quad v = \frac{\pi dN}{1000} = \frac{\pi \times 250 \times 1400}{1000} = 1099.55$$

$$F = \frac{102 \cdot 60 \cdot H_{kw}}{v} = \frac{102 \times 60 \times 5}{1099.5} = 27.8$$

$$F = 27.8(kg_f) \times 9.8 = 272.7(N)$$

Q5) 윈치(winch)로 질량이 2.4t인 물체를 6m/min의 속도로 감아올릴 때, 윈치 동력은 약 몇 kW가 필요한가? (단, 윈치의 효율은 80%라 한다.)

① 2.52　　❷ 2.94　　③ 3.44　　④ 3.89

A5) $F = 2.4t = 2400kg$
$v = 6m/\min$
$\eta = 80\% = 0.8$
$H_i = ?$

$$H_o = \frac{F \cdot v}{102 \cdot 60} = \frac{2400 \times 6}{102 \times 60} = 2.35$$

$$H_i = \frac{H_o}{\eta} = \frac{H_o}{0.8} = \frac{2.35}{0.8} = 2.94(kW)$$

Q6) 입력축 기어(모듈은 4, 잇수는 18)는 4kW의 동력을 800rpm으로 전달한다. 이 스퍼기어의 회전력은 약 몇 N인가?

❶ 1330 ② 2660 ③ 4320 ④ 5630

A6) $H_{kw} = 4kW$
$N = 800rpm$

$M = 4$
$Z = 18$
$F = ?N$

$$H_{kw} = \frac{F \cdot v}{102 \cdot 60}, \quad v = \frac{\pi d N}{1000}$$

기어의 피치원지름, $D = M \cdot Z = 4 \times 18 = 72$

$$v = \frac{\pi \times 72 \times 800}{1000} = 181$$

$$F = \frac{102 \cdot 60 \cdot H_{kw}}{v} = \frac{102 \times 60 \times 4}{181} = 135.25(kg_f)$$

$$F = 135.25 \times 9.8 = 1325(N)$$

3) 동력과 토크 관계식 유도

(1) 각속도, ω로부터 유도

$$H_{kw} = T \cdot \omega (kg_f \cdot mm \cdot 2\pi rad/s)$$
$$= \frac{T \cdot \omega}{1000}(kg_f \cdot m \cdot 2\pi rad/s)$$

$$N(rpm) = \frac{N(rev)}{60(s)} = \frac{2\pi N(rad)}{60(s)}$$

ω 대신 N을 넣으면

$$H_{kw} = \frac{T \cdot 2\pi N}{1000 \cdot 60}(kg_f \cdot m/s)$$
$$= \frac{2\pi \cdot T \cdot N}{60000} \cdot \frac{1}{102} kw$$

$$T = \frac{6000 \times 102 H_{kw}}{2\pi N}$$

$$= 974028 \frac{H_{kw}}{N}(kg_f \cdot mm)$$
$$\approx 974000 \frac{H_{kw}}{N}(kg_f \cdot mm)$$

(2) 토크 ①번 식으로부터 유도

$$H_{kw} = \frac{F \cdot v}{102 \times 60}(kw)$$

$$T = F \cdot \frac{d}{2}(kg_f \cdot mm)$$
$$F = \frac{2T}{d}(kg_f)$$

$$H_{kw} = \frac{2T \cdot v}{102 \cdot 60 \cdot d}(kw), \quad v = \frac{\pi d N}{1000}$$
$$= \frac{2T \cdot \pi \cdot d \cdot N}{102 \cdot 60 \cdot d \cdot 1000}(kw)$$

$$T = \frac{102 \cdot 60 \cdot 1000 \cdot H_{kw}}{2\pi \cdot N}$$
$$= 974028 \frac{H_{kw}}{N}(kg_f \cdot mm)$$
$$\approx 974000 \frac{H_{kw}}{N}(kg_f \cdot mm)$$

2. 기계요소 설계

2 기계요소 설계

2.1 기계설계 개론

1) 기계요소의 분류

- 체결용 기계요소 : 나사, 리벳, 키, 코터, 핀
- 전동용 기계요소 : 기어, 마찰차, 벨트(벨트풀리), 체인(스프로킷), 로프(도르레)
- 축계 기계요소 : 축, 베어링, 커플링, 클러치
- 완충용 기계요소 : 스프링, 플라이휠
- 제동용 기계요소 : 브레이크
- 관계 기계요소 : 관이음, 밸브

2) 기계 재료의 KS 기호

기호		설명	기호		설명
SM	Steel Machine	기계 구조용 탄소강재	SC	Steel Casting	주강
SNC	Steel Nikel Chrome	Ni-Cr 강재	SF	Steel Forging	단조품
SCM	Steel Chrome Molybdenum	크롬 몰리브덴 강재			
SS	Steel Structure	일반 구조용 압연강재	SPCD	Steel Plate Cold Drawing	냉간압연 연강판
SWS	Steel Welding Structure	용접 구조용 압연강재	SPHD	Steel Plate Hot Drawing	열간압연 연강판
SKH	Steel High-speed	고속도 공구강재	GC	Gray Casting	회주철
STC	Steel Tool Carbon	탄소공구강	GCD	Gray Casting Ductile	구상흑연 주철
STS	Steel Tool Summation	합금공구강, 스테인리스강(SUS)	WMC	White Malleable Casting	백심가단 주철
STD	Steel Tool Die	금형공구강			
SPS	Spring Steel	스프링강	BMC	Black Malleable Casting	흑심가단 주철

Q1) 재료 기호가 'STC 140'으로 되어 있을 때 이 재료의 명칭으로 옳은 것은?

① 합금 공구강 강재 ❷ 탄소 공구강 강재
③ 기계 구조용 탄소 강재 ④ 탄소강 주강품

Q2) 도면 부품란의 재료기호에 기입된 'SPS 6'는 어떤 재료를 의미하는가?

❶ 스프링 강재 ② 스테인리스 압연강재
③ 냉간압연 강판 ④ 기계구조용 탄소강재

Q3) KS 기계 재료 기호 중 스프링 강재인 것은?

❶ SPS ② SBC
③ SM ④ STS

Q4) 다음 중 열간압연 연강판 및 강재에서 드로잉용에 해당하는 것은?

① SNCD ② SPCD
❸ SPHD ④ SHPD

Q5) 강재의 종류와 그 기호가 잘못 짝지어진 것은?

① SCr420 : 크로뮴 강 ❷ SCM 420 : 니켈 크로뮴 강
③ SMn 420 : 망가니즈 강 ④ SMnC 420 : 망가니즈 크로뮴 강

3) 기본 공차의 적용(IT 공차)

: 00, 01, 1, 2~18까지 총 20등급, 숫자가 작을수록 공차가 작음

용도	게이지 제작공차	끼워 맞춤 공차 (7기준)	끼워 맞춤 이외 공차
구멍	IT 01 ~ IT 5	IT 6 ~ IT 10	IT 11 ~ IT 18
축	IT 01 ~ IT 4	IT 5 ~ IT 9	IT 10 ~ IT 18

4) 치수 공차와 끼워 맞춤 공차

(1) 치수 공차

- 치수 공차 : 최대 허용 치수 - 최소 허용 치수
- 위 치수 허용차 : 최대 허용 치수 - 기준 치수
- 아래 치수 허용차 : 최소 허용 치수 - 기준 치수

(2) 끼워 맞춤 공차

- H(IT 공차) 이면 구멍 기준, h(IT 공차) 이면 축 기준, 주로 H7, h7 사용
- 축은 소문자로 표기하며 구멍은 대문자로 표기함. 축은 a로 갈수록 작아지고 구멍은 A로 갈수록 커짐. (축 小 → a, 구 大 → A)

  축 : a 〈 b 〈 c 〈 d 〈 e 〈 f 〈 g 〈 h 〈 i 〈 j 〈 k 〈 l 〈 m 〈 n 〈 o 〈 p

  구멍 : A 〉 B 〉 C 〉 D 〉 E 〉 F 〉 G 〉 H 〉 I 〉 J 〉 K 〉 L 〉 M 〉 N 〉 O

- 최대 틈새 : 구멍의 최대 치수 - 축의 최소 치수
- 최소 틈새 : 구멍의 최소 치수 - 축의 최대 치수
- 최대 죔새 : 축의 최대 치수 - 구멍의 최소 치수
- 최소 죔새 : 축의 최소 치수 - 구멍의 최대 치수

- 헐거움 끼워 맞춤 : 구멍의 최소 치수가 축의 최대 치수보다 큰 경우
- 중간 끼워 맞춤 : 구멍의 최소 치수가 축의 최대 치수보다 작은 경우, 구멍의 최대 치수는 축의 최대 치수보다 큰 경우
- 억지 끼워 맞춤 : 구멍의 최대 치수가 축의 최소 치수보다 작은 경우(열박음 등 필요)

2 기계요소 설계

Q1) 기준 치수 49.000mm, 최대 허용 치수 49.011mm, 최소 허용 치수 48.985일 때, 위 치수 허용차와 아래 치수 허용차는? (순서대로 위 치수 허용차 / 아래 치수 허용차)

① + 0.011mm / - 0.085mm　　② - 0.015mm / + 0.011mm

③ - 0.025mm / + 0.025mm　　❹ + 0.011mm / - 0.015mm

A1) 위 치수 허용차 : 최대 허용 치수 - 기준 치수 = $49.011-49=0.011$

아래 치수 허용차 : 최소 허용 치수 - 기준 치수= $48.985-49.000=-0.015$

Q2) 치수가 다음과 같이 명기되어 있을 때 치수 공차는 얼마인가?

$\phi 120^{+0.04}_{+0.02}$

① 0.04　　② 0.80

③ 0.06　　❹ 0.02

A2) $+0.04-(+0.02)=0.02$

Q3) 구멍 공차가 $\phi 50^{+0.025}_{-0.013}$ 일 때 치수 공차의 값은?

① 0.012　　② 0.013

③ 0.025　　❹ 0.038

A2) $+0.025-(-0.013)=0.038$

Q4) 축의 치수 허용차 기호에서 위 치수 허용차가 0인 공차역 기호는?

① b　　❷ h　　③ g　　④ s

A4) 구멍에서는 H, 축에서는 h가 기준임.

Q5) 다음은 치수 공차와 끼워 맞춤 공차에 사용하는 용어의 설명이다. 이에 대한 설명으로 잘못된 것은?

① 틈새 : 구멍의 치수가 축의 치수보다 클 때의 구멍과 축의 치수차

② 위 치수 허용차 : 최대 허용 치수에서 기준 치수를 뺀 값

③ 헐거운 끼워 맞춤 : 항상 틈새가 있는 끼워 맞춤

❹ 치수공차 : 기준 치수에서 아래 치수 허용차를 뺀 값

A5) 치수공차 : 최대 허용 치수 - 최소 허용 치수

Q6) 구멍의 치수 $\phi 50^{+0.03}_{-0.01}$, 축의 치수는 $\phi 50^{+0.01}_{0}$ 일 때, 최대 틈새는 얼마인가?

① 0.04　　❷ 0.03

③ 0.02　　④ 0.01

A6) 최대 틈새 = 구멍의 최대 치수 - 축의 최소 치수 $=50.03-50=0.03$

Q7) 구멍의 치수가 $\phi 50^{+0.005}_{-0.004}$이고, 축의 치수가 $\phi 50^{+0.005}_{-0.004}$일 때, 최대 틈새는?

① 0.004 ② 0.005

❸ 0.009 ④ 0.008

A7) 최대 틈새 = 구멍의 최대 치수 - 축의 최소 치수 $= 50.005 - 49.996 = 0.009$

Q8) 조립 전의 구멍 치수가 $100^{+0.04}_{0}$, 축의 치수가 $100^{+0.02}_{-0.06}$일 때 최대 틈새는?

① 0.02 ② 0.06

❸ 0.10 ④ 0.04

Q9) 조립되는 구멍의 치수가 $\phi 100^{+0.015}_{0}$이고, 축의 치수가 $\phi 100^{-0.015}_{-0.030}$인 끼워 맞춤에서 최소 틈새는?

① 0.005 ❷ 0.015 ③ 0.030 ④ 0.045

A9) 최소 틈새 : 구멍의 최소 치수 - 축의 최대 치수 $= 100 - 99.985 = 0.015$

Q10) 도면에서 나사 조립부에 M10 - 5H/5g이라고 기입되어 있을 해독으로 올바른 것은?

① 미터 보통 나사, 수나사 5H급, 암나사 5g급 ② 미터 보통 나사, 1인치당 나사산 수 5

❸ 미터 보통 나사, 암나사 5H급, 수나사 5g급 ④ 미터 가는 나사, 피치 5, 나사산 수 5

Q11) 나사 표시 "M15×1.5 - 6H/6g"에서 6H/6g는?

① 나사의 호칭 치수 ② 나사부의 길이

❸ 나사의 등급 ④ 나사의 피치

Q12) 다음 중 최대 죔새를 나타낸 것은? (단, 조립 전 치수를 기준으로 한다.)

① 구멍의 최대 허용 치수 - 축의 최대 허용 치수

② 축의 최소 허용 치수 - 구멍의 최대 허용 치수

❸ 축의 최대 허용 치수 - 구멍의 최소 허용 치수

④ 구멍의 최소 허용 치수 - 축의 최소 허용 치수

Q13) 다음 축의 치수 중 최대 허용 치수가 가장 큰 것은?

❶ ϕ45n7 ② ϕ45g7

③ ϕ45h7 ④ ϕ45m7

A13) 축 小 → a, 구 大 → A, 축에서는 알파벳 뒤쪽으로 갈수록 커진다.

2

기계요소설계

Q14) 맞춤 공차 ϕ50H7/g6에 대한 설명으로 틀린 것은?

① ϕ50H7의 구멍과 ϕ50g6 축의 끼워 맞춤이다. ② 축과 구멍의 호칭 치수는 모두 ϕ50이다.

③ 구멍 기준식 끼워 맞춤이다. ❹ 중간 끼워 맞춤의 형태이다.

A14) 축 : a 〈 b 〈 c 〈 d 〈 e 〈 f 〈 g 〈 h 〈 i 〈 j 〈 k

구멍 : A 〉 B 〉 C 〉 D 〉 E 〉 F 〉 G 〉 H 〉 I

대문자 H이므로 구멍 기준식이고 구멍의 H보다 축의 알파벳 g가 앞쪽인데 축은 앞쪽으로 갈수록 작아지므로 헐거운 끼워 맞춤이다.

Q15) 다음 끼워 맞추어지는 형체 중 죔새가 가장 큰 것은?

① ϕ52H7/m6 ❷ ϕ52H7/p6

③ ϕ52E6/h6 ④ ϕ52G7/h6

A15) 축은 소문자 뒤로 갈수록 커지므로 p6가 가장 큰 축이므로 죔새도 가장 크다.

Q16) 다음 중 억지 끼워 맞춤에 해당하는 것은?

① H7/g6 ❷ H7/s6

③ H7/k6 ④ H7/m6

Q17) 다음 중 헐거운 끼워 맞춤에 해당하는 것은?

① H7/k6 ② H7/m6

③ H7/n6 ❹ H7/g6

5) 기하공차의 기호

〈기하공차의 종류와 기호〉 (KS B0606 : 기하공차의 도시 방법)

사용하는 형체	기하공차의 종류		기호
단독 형체	모양공차	진직도	—
		평면도	⏥
		진원도	○
		원통도	⌭
단독 형체 또는 관련 형체		선의 윤곽도	⌒
		면의 윤곽도	⌓
관련 형체	자세공차	평행도	//
		직각도	⊥
		경사도	∠
	위치공차	위치도	⌖
		동축도와 동심도	◎
		대칭도	⌯
	흔들림공차	원주 흔들림	↗
		온 흔들림	⌰
	데이텀		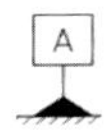

Q1) 기하공차 중 단독 형체에 관한 것들로만 짝지어진 것은?

① 진직도, 평면도, 경사도

❷ 평면도, 진원도, 원통도

③ 진직도, 동축도, 대칭도

④ 진직도, 동축도, 경사도

Q2) 다음과 같은 기하공차에 대한 설명으로 틀린 것은?

◎	ϕ0.01	A

① 동심도의 허용공차가 0.01 이내이다.

② 데이텀 A에 대한 기하공차를 나타낸다.

❸ 데이텀 A는 생략할 수 있다.

④ 데이텀 A에 대한 중심의 편차가 최대 0.01 이내로 제한한다.

Q3) 기하공차의 기호에서 원주 흔들림공차 기호는?

❶ 

② 

③ 

④ 

Q4) 다음 중 원통도 공차를 표시하는 기호는?

❶ 

② 

③ 

④ 

Q5) 원형 부분을 두 개의 동심의 기하학적 원으로 취했을 경우, 두 원의 간격이 최소가 되는 두 원의 반지름의 차로 나타내는 형상 정밀도는?

① 원통도

② 직각도

❸ 진원도

④ 평행도

6) 가공 방법의 약호

기 호	설 명	기 호	설 명
선반가공	L (Lathe)	리머가공	FR (Finishing Reaming)
드릴가공	D (Drilling)	랩핑 다듬질	FL (Finishing Lapping)
밀링가공	M (Milling)	줄 다듬질	FF (Finishing Filing)
연삭가공	G (Grinding)	스크레이핑	FS (Finishing Scraping)
호닝가공	GH (Grinding Honing)	액체 호닝	SPLH (Super Liquid Honing)
주 조	C (Casting)	배럴 연마	SPBR (Super Barrel)
		브로칭	BR (Broaching)

Q1) 가공 방법의 기호 중 주조의 기호는?

① D ② B

③ GB ❹ C

A1) C : Casting, 주조

Q2) 가공 방법의 약호 중 FR이 뜻하는 것은?

① 브로칭 가공 ② 호닝 가공

③ 줄 다듬질 ❹ 리밍 가공

A2) FR(Finishing Reaming) : 리머 가공

Q3) 줄 다듬질 가공을 나타내는 약호는?

① FL ❷ FF

③ FS ④ FR

Q4) 가공 방법의 약호에 대한 설명 중 옳지 않은 것은?

① FB : 브러싱 ② GH : 호닝가공

❸ BR : 래핑 ④ DC : 다이캐스팅

Q5) 가공 방법과 기호의 연결이 옳은 것은?

① 래핑 : MSL ❷ 브로칭 : BR

③ 스크레이핑 : SB ④ 평면 연삭 : GBS

7) 가공에 의한 커터의 줄무늬 방향 기호

기호	설명	기호	설명
=	가공으로 생긴 선이 투상면에 평행	M	가공으로 생긴 선이 여러 방향으로 (Multiple directions)으로 교차 또는 무방향
⊥	가공으로 생긴 선이 투상면에 직각	C	가공으로 생긴 선이 거의 동심원 (Circle)
X	가공으로 생긴 선이 두 방향으로 교차 (Cross)	R	가공으로 생긴 선이 거의 방사형 (Radial direction)

Q1) 가공 모양의 기호에 대한 설명으로 잘못된 것은?

① = : 가공에 의한 컷의 줄무늬 방향이 기호를 기입한 그림의 투영한 면에 평행

② X : 가공에 의한 컷의 줄무늬 방향이 기호를 기입한 그림의 투영면에 비스듬하게 2방향으로 교차

③ M : 가공에 의한 컷의 줄무늬가 여러 방향

❹ R : 가공에 의한 컷의 줄무늬가 기호를 기입한 면의 중심에 대하여 거의 동심원 모양

Q2) 표면 결 도시 방법 및 면의 지시 기호에서 가공으로 생긴 결 모양의 약호로 "C"의 의미는?

❶ 거의 동심원 ② 다방면으로 교차

③ 거의 방사상 ④ 거의 무방향

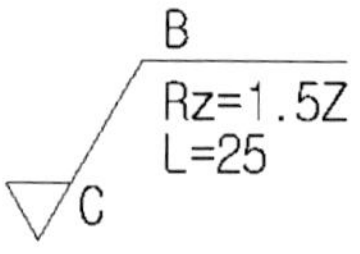

8) 특수(표면거칠기, 가공 방법, 줄무늬 등) 요구사항의 지시 방법

기호	설명	표면거칠기 종류
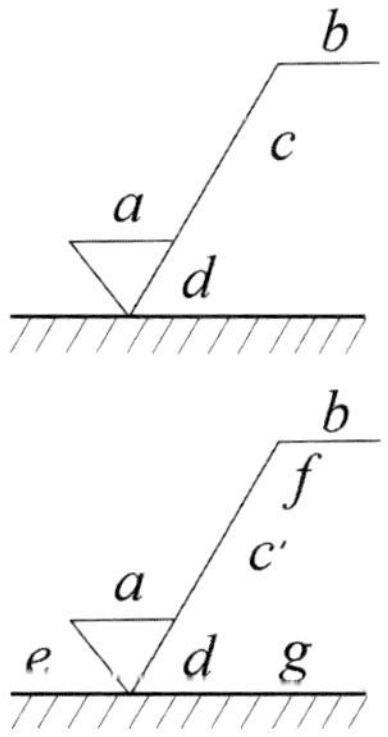	a : 중심선 평균 거칠기의 값 b : 가공 방법의 문자 또는 기호 c : 컷 오프값 c' : 기준 길이 d : 줄무늬 방향의 기호 e : 다듬질 여유 f : 중심선 평균 거칠기 이외의 표면거칠기 값 (최대, 10점) g : 표면 파상도 (KSB 0610)	- 중심선 평균거칠기 (Ra) - 최대높이거칠기 (Rmax) - 10점 평균거칠기 (Rz)

Q1) 표면의 결 도시기호가 그림과 같이 나타났을 때 설명으로 틀린 것은?

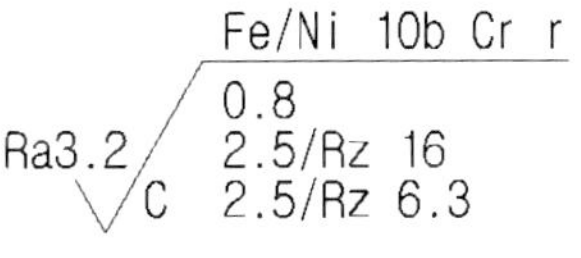

① 니켈-크롬 코팅이 적용되어있다.

② 가공 여유는 0.8 mm를 준다.

③ 샘플링 길이 2.5mm 에서는 Rz 6.3 ~ 16 ㎛를 만족해야 한다.

❹ 투상면에 대해 대략 수직인 줄무늬 방향이다.

A1) 위 특수 요구사항의 지시 방법 d의 위치는 가공에 의한 줄무늬 방향의 기호을 나타내는 곳으로 C(Circle)는 가공에 의한 줄무늬(결)가 거의 동심원을 나타냄

9) 기타 기계제도 이론

- 선 굵기

: 아주 굵은 선($1mm$), 굵은 선($0.5mm$), 중간 선($0.35mm$), 가는 선($0.25mm$)

- 투상도에서 선이 겹칠 경우 우선 순위

: 외형선 〉숨은선 〉절단선 〉중심선 〉치수선 (외숨절중치)

Q1) 도면에 굵은 선의 굵기를 0.5mm로 하였다. 가는 선과 아주 굵은 선의 굵기로 가장 적합한 것은? (순서대로 가는 선 - 아주 굵은 선)

① 0.18mm - 0.7mm　　❷ 0.25mm - 1mm

③ 0.35mm - 0.7mm　　④ 0.35mm - 1mm

Q2) 실물에서 한 변의 길이가 25mm일 때, 척도 1:5도면에서 그 변이 그려진 길이와 그 변에 기입해야 할 치수를 순서대로 옳게 나열한 것은?

① 길이 : 5mm, 치수 : 5　　❷ 길이 : 5mm, 치수 : 25

③ 길이 : 25mm, 치수 : 5　　④ 길이 : 25mm, 치수 : 25

Q3) 투상도를 그릴 때 선이 서로 겹칠 경우 나타내야 할 우선 순위로 옳은 것은?

① 중심선 〉숨은선 〉외형선　　❷ 숨은선 〉절단선 〉중심선

③ 외형선 〉중심선 〉절단선　　④ 외형선 〉중심선 〉숨은선

A3) 외형선 〉숨은선 〉절단선 〉중심선 〉치수선 (외숨절중치)

Q4) 도면에서 2종류 이상의 선이 같은 장소에 겹치게 될 경우에 다음 선 중에서 순위가 가장 낮은 것은?

① 중심선　　② 숨은선

③ 절단선　　❹ 치수보조선

10) 기계요소의 주요 각도

● 삼각나사 (미터나사, 유니파이나사)	60도	● V-벨트	40도
● 관용나사, 휘트워드나사	55도	● 심압대 센터	60도
● 둥근나사	30도 (=너클나사)	● 중량물 지지용 심압대 센터	90도
● 사다리꼴나사	미터계 : 30도, 인치계 : 29도	● 드릴 날 끝각	118도
● 톱니나사	30도와 45도 (나사잭, 바이스와 같이 한쪽으로 집중 하중)		

2.2 체결용 기계요소(나사, 리벳, 키, 코터, 핀)

1) 나사 이론

(1) 나사의 정의

원통의 표면에 직각삼각형 종이를 감을 때 원통 표면에 나타나는 빗변이 만드는 선을 나선(Helix)이라 한다. 나선의 경사각을 나선각, α라 하며 나선을 따라 골을 파면 나사라 한다. 나사는 일반적으로 1회전 할 때 피치, p만큼 축 방향으로 이동한다.

체결용 나사인 삼각나사, 볼트, 너트부터 운동용 나사인 사각나사, 사다리꼴나사, 볼나사에 이르기까지 그 종류가 다양하고, 인류가 만든 기계요소 중에 매우 중요한 역할을 담당해 왔다.

나사는 1회전 하는 동안 (=원주거리 πd_e) 피치(p)만큼 축 방향으로 이동하므로 나사의 리드각(α)은 아래의 식과 같다..

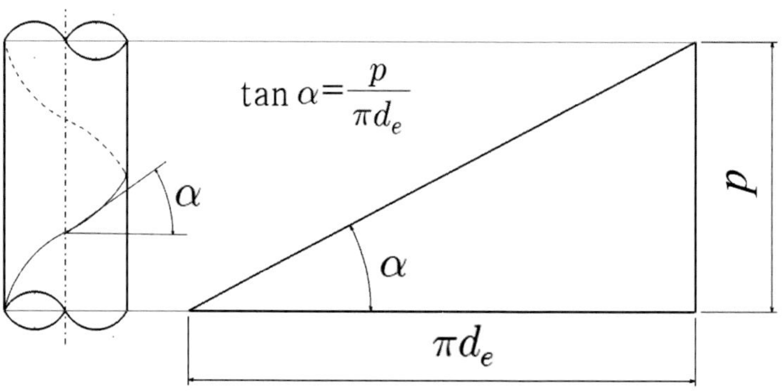

〈나사의 원리〉

(2) 나사의 종류

	KS	ISO
삼각나사(체결용)	M : 미터나사 (60도)	UNC : 유니파이 보통 나사 (60도) UNF : 유니파이 가는 나사 (60도) ABC나사라고도 함(미(A), 영(B), 캐나다(C) 삼국 협정)
		W : 휘트워드 (Whitworth 나사, 55도) 영국 규격으로 인치식 관용 나사
사다리꼴나사(전동용)	TM : 미터계 (30도) TW : 인치계 (29도) 휘트워드, 애크미나사	Tr (Trapezoid) : KS(TM은 현재 폐지), ISO
관(체결용) (55도)	PT : 관용 테이퍼나사 PS : 관용 테이퍼 평행 암나사	R : 관용 테이퍼 수나사 Rc : 관용 테이퍼 암나사
	PF : 관용 평행나사	G : 관용 평행 수나사 Rp : 관용 평행 암나사
나사의 특징 - 전동용 : 사각, 사다리꼴, 톱니, 볼 - 체결용 : 삼각, 너클	- 사각나사 : 프레스와 같이 큰 힘의 전동용 (큰 하중, 교번 하중에 효과적) - 사다리꼴나사 : 사각나사보다 제작이 쉽고, 강력한 동력 전달용에 사용 (선반 리드스크류) - 톱니나사 : 삼각나사와 사각나사의 장점을 조합, 힘 받는 면은 90도, 힘 받지 않는 면은 30도와 45도가 있음, 나사잭, 바이스와 같이 한쪽으로 집중 하중을 받는 경우 사용 - 볼나사 : 홈에 볼 삽입, 공작기계 이송장치, 마찰계수 작고 정밀하나 미끄럼나사보다 충격에 약함 - 너클나사 : 둥근나사로 이물질 방지용 전구, 호스, 밸브 등 (체결용, 30도)	
볼트의 종류	- 기초볼트 : 앙카볼트로 기계 등을 콘크리트에 설치 - 스터드볼트 : 볼트 머리가 없고 조립되는 나사부가 길때, 주로 양끝에 나사 - 스테이볼트 : 볼트 머리가 없고 부품 간(철판 2장 사이) 간격을 유지하거나 구조 보강용 - T홈볼트 : 공작기계 테이블에 바이스, 클램프 등 치구 설치용 - 아이볼트 : 중량물을 훅, 로프, 체인 등으로 걸 때 사용 (eye bolt) - 리머볼트 : 다듬질 구멍에 유격을 없도록 함 (핀 역할) - 나비볼트 : 손으로 돌리기 편함 - 멈춤나사 : Set screw로 보스와 축을 고정시킴, 키 대용으로 사용, (무두볼트, 고정나사)	
나사 풀림 방지법	- 와셔(스프링와셔) 등 이용 - 로크너트 : 2개의 너트를 서로 밀도록 함 - 자동죔너트 : Self locking nut로 강한 고무 코팅이나 특수 세공하여 역회전 방지 - 핀, 작은나사, 멈춤나사 등 이용 - 캡너트는 아님 : 캡너트는 볼트 머리에 캡을 씌워 이물질 침투 방지용	
나사의 표시법	- 수나사의 바깥지름과 암나사의 안지름을 나타내는 선은 굵은 실선으로 표시 - 수나사와 암나사의 골을 표시하는 선은 가는 실선으로 표시 - 완전 나사부와 불완전 나사부의 경계선은 굵은 실선으로 표시 - 불완전 나사부 골을 나타내는 선은 축선에 대하여 30도의 가는 실선으로 표시 - 암나사 탭 구멍의 드릴 자리는 120도의 굵은 실선으로 표시 - 수나사와 암나사의 결합 부분은 수나사로 표시 - 단면시 나사부의 해칭은 수나사는 외경, 암나사는 내경까지 해칭	
나사의 표시 방법 : 좌 2줄 M50 * 2 6H/6g	- 좌 : 나사산의 감는 방향 (방향 표시는 왼 나사에만 표시, "좌" 또는 "L") - 2줄 : 나사산의 줄 수 (줄수 표시는 두줄 이상인 경우에만 표시 "줄" 또는 "N") - M50*2 : 나사의 호칭경 직경 50mm, 피치 2mm - 6H : 암나사의 등급 - 6g : 수나사의 등급	
나사의 표시 방법 : 5/8-24UNC	나사 외경 5/8 inch , 1inch에 24산의 피치를 가진 유니파이 일반 나사 (unified common thread)	

2 기계요소 설계

(a) 삼각나사 (b) 사각나사 (c) 사다리꼴나사 (d) 톱니나사 (e) 둥근나사

〈나사산의 종류〉

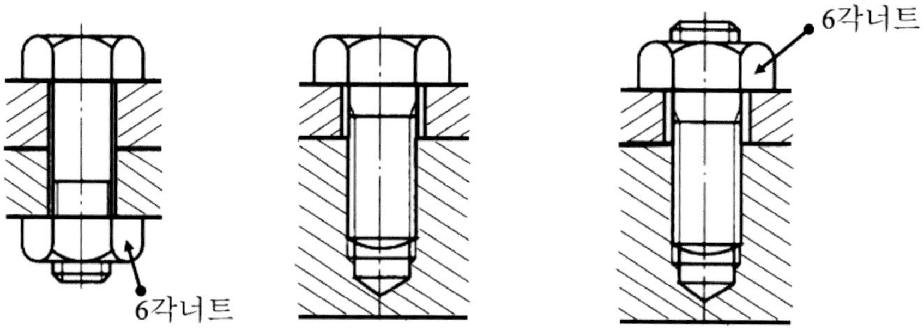

(a) 관통볼트 (b) 탭볼트 (c) 스터드볼트

〈체결 방법에 따른 볼트의 종류〉

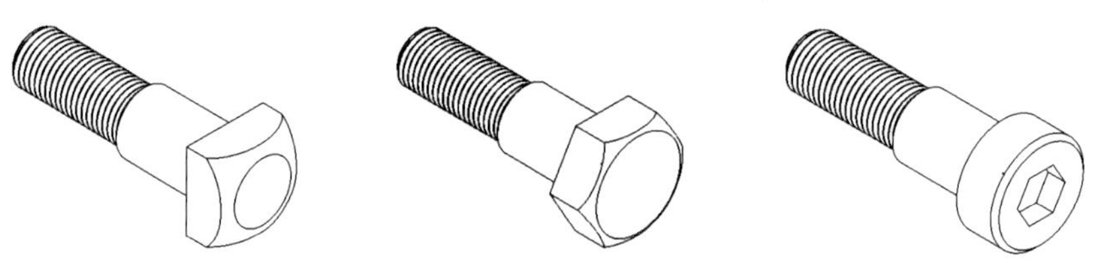

(a) 4각볼트 (b) 6각볼트 (c) 6각 구멍붙이볼트(렌치볼트)

〈볼트 머리 모양에 따른 볼트의 종류〉

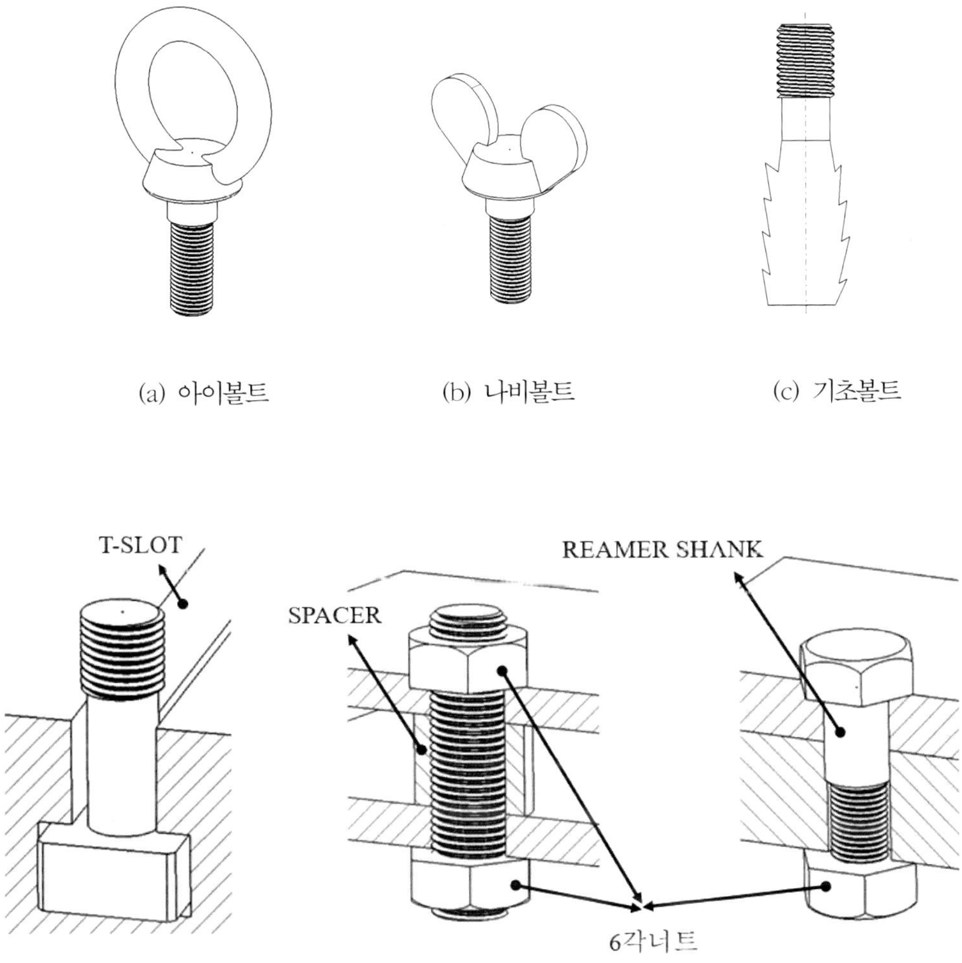

(a) 아이볼트 (b) 나비볼트 (c) 기초볼트

(d) T볼트 (e) 스테이볼트 (f) 리머볼트

〈특수 볼트의 종류〉

Q1) 나사의 종류를 표시하는 다음 기호 중에서 미터사다리꼴 나사를 표시하는 것은?

① R ② M

❸ Tr ④ UNC

Q2) 나사의 종류 중 ISO 규격에 있는 관용 테이퍼 나사에서 테이퍼 암나사를 표시하는 기호는?

① PT ② PS

③ Rp ❹ Rc

Q3) 나사 표기가 "G 1/2"이라 되어 있을 때, 이는 무슨 나사인가?

❶ 관용 평행나사 ② 29° 사다리꼴나사

③ 관용 테이퍼나사 ④ 30° 사다리꼴나사

Q4) 관용 테이퍼 수나사(기호 : R)에 대해서 사용하는 관용 평행 암나사의 기호로 옳은 것은?

① Rc ❷ Rp

③ PT ④ PS

Q5) 다음 나사산의 각도 중 틀린 것은?

① 미터 보통나사 60° ② 관용 평행나사 55°

③ 유니파이 보통나사 60° ❹ 미터 사다리꼴나사 35°

Q6) 다음 중 주로 운동용으로 사용되는 나사에 속하지 않은 것은?

① 사각나사 ❷ 미터나사

③ 톱니나사 ④ 사다리꼴나사

Q7) 나사의 종류 중 먼지, 모래 등이 나사산 사이에 들어가도 나사의 작동에 별로 영향을 주지 않으므로 전구와 소켓의 결합부, 또는 호스의 이음부에 주로 사용되는 나사는?

① 사다리꼴나사 ② 톱니나사

③ 유니파이 보통나사 ❹ 둥근나사

Q8) 볼나사(ball screw)의 장점에 해당되지 않는 것은?

❶ 미끄럼 나사보다 내충격성 및 감쇠성이 우수하다.

② 예압에 의하여 치면놀이(back lash)를 작게 할 수 있다.

③ 마찰이 매우 적고, 기계 효율이 높다.

④ 시동 토크, 또는 작동 토크의 변동이 적다.

2) 나사 역학

(1) 리드, 피치 구하기

: 일반적으로 나사는 1회전 하는 동안 산과 산 사이 거리인 피치(p)만큼 나아간다. 1회전 하는 동안 축 방향으로 이동하는 거리를 리드(L)라 하며, 1줄나사의 경우 1회선 하는 동안 피치만큼 이동하며, 다줄나사의 경우 1회전 하는 동안 피치에 줄수(n)를 곱한 만큼 이동한다.

리드, $L = \frac{l}{N} = p \times n$

L : 리드, l : 나아간 거리
N : 회전수, n : 줄 수
p : 피치
D : 바깥지름, d : 안지름
d_e : 유효지름

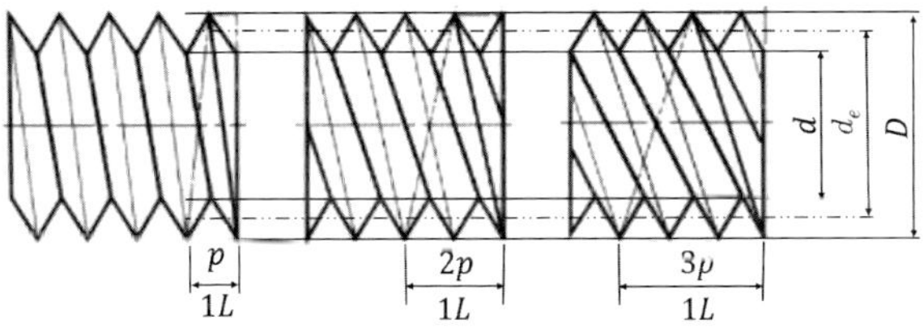

(a) 1줄 나사 (b) 2줄 나사 (c) 3줄 나사

<다줄나사의 개념>

cf) 삼각나사의 유효지름, d_e $\qquad d_e = \frac{D+d}{2}$

cf) 사각나사의 유효지름, d_e $\qquad d_e = D - 0.5p$

cf) 삼침법에 의한 유효지름, d_e $\qquad d_e = M - 3d_w + 0.866p$

Q1) 지름 20mm, 피치 2mm인 2줄 나사를 10회전 시켰더니 완전하게 체결되었나. 이 나사의 리드(Lead)는 몇 mm인가?

① 20 ② 40 ❸ 4 ④ 2

A1) $D = 20mm$
$p = 2mm$
$N = 2$줄 $N = 10rev$
$L = ?mm$

$$L = \frac{\ell}{N} = p \times n = 2 \times 2 = 4$$

Q2) 3줄 나사에서 나사를 3회전 하였더니 36mm 전진하였다. 이 나사의 피치는?

① 12mm　　② 6mm　　❸ 4mm　　④ 3mm

A2) $n = 3$줄
$N = 3$회전
$\ell = 36mm$
$p = ?mm$

$$L = \frac{\ell}{N} = p \times n$$
$$\frac{36}{3} = p \times 3, \quad p = 4$$

Q3) 지름 20mm 피치 2mm 3줄 나사를 1/2회전하였을 때 이 나사의 진행 거리는 몇 mm인가?

① 1　　❷ 3　　③ 4　　④ 6

A3) $d = 20mm$
$p = 2mm$
$n = 3$줄
$N = 1/2$회전
$\ell = ?mm$

$$L = \frac{\ell}{N} = p \times n$$
$$= \frac{\ell}{0.5} = 2 \times 3$$
$$\ell = 3$$

Q4) 유효 지름이 모두 동일한 미터 보통 나사에서 리드각이 가장 큰 것은?

① 피치 5mm인 1줄 나사　　❷ 피치 3.5mm인 2줄 나사

③ 피치 2mm인 3줄 나사　　④ 피치 6mm인 1줄 나사

A4) ① $p = 5 \quad n = 1 \Rightarrow L = 5 \times 1 = 5$
② $p = 3.5 \quad n = 2 \Rightarrow L = 3.5 \times 2 = 7$
③ $p = 2 \quad n = 3 \Rightarrow L = 2 \times 3 = 6$
④ $p = 6 \quad n = 1 \Rightarrow L = 6 \times 1 = 6$

리드각, $\alpha = \frac{L}{\pi \cdot de}$

리드각과 리드는 비례하므로 2번이 가장 크다.

Q5) 바깥지름이 30mm인 사각나사에서 피치가 6mm, 나사산의 높이가 피치의 1/2일 때 나사의 유효 지름은 몇 mm인가?

❶ 27　　② 32　　③ 34　　④ 36

A5) 사각나사의 유효 지름, d_e
$d_e = D - 0.5p$

$$d_e = D - 0.5p = 30 - 0.5 \times 6 = 27mm$$

Q6) 커플링으로 연결된 CNC 공작기계의 볼 스크류 피치가 12mm이고, 서보모터의 회전각도가 240°일 때 테이블의 이동량은 몇 mm인가?

① 2 ② 4 ❸ 8 ④ 12

A6) $360 : 12 = 240 : x$

$$x = \frac{12 \times 240}{360} = 8mm$$

Q7) 테이블에 미치는 부하로 인하여 피치가 30mm인 이송나사가 2° 뒤틀릴 때, 테이블 이동량은 몇 mm인가?

① 0.055 ❷ 0.167 ③ 0.254 ④ 0.345

A7) $30 : 360^{\circ} = l : 2^{\circ}$

$$l = \frac{2 \times 30}{360} = 0.167mm$$

2 기계요소 설계

(2) 나사의 회전력과 토크

① 마찰각

: 마찰계수가 μ인 경사면에서 물체가 미끄러지지 않을 최대 경사각

$$\tan\rho = \mu = \frac{F}{R} = -f$$

α: 리드각
ρ: 마찰각
μ: 마찰계수
F: 물체를 미끄러 내리는 힘
R: 경사면에 수직으로 내리 누르는 힘
f : 마찰력

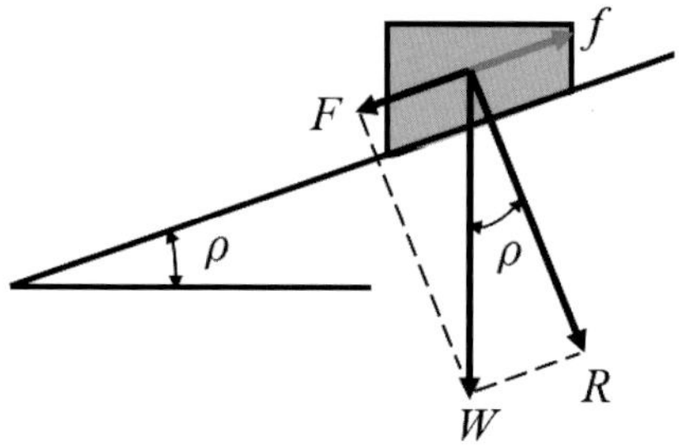

② 사각나사의 경사면 구조

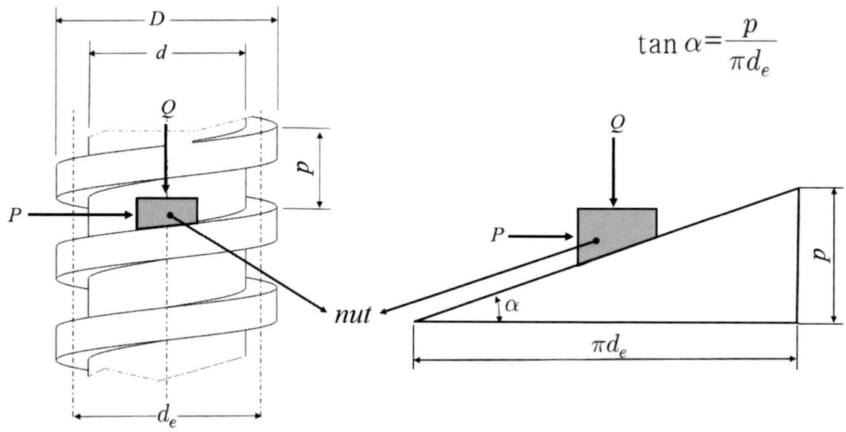

〈사각나사의 경사면〉

③ 회전력

● 나사를 죌 때 회전력

나사면에 평행한 힘 : $P\cos\alpha - Q\sin\alpha$

나사면에 수직한 힘 : $P\sin\alpha + Q\cos\alpha$

나사면을 따라 너트를 밀어 올리는 접선 방향 회전력(나사면에 평행한 힘)은 수직력(나사면에 수직한 힘)에 의해 발생하는 수평 방향 마찰력과 평형 상태를 이룬다.

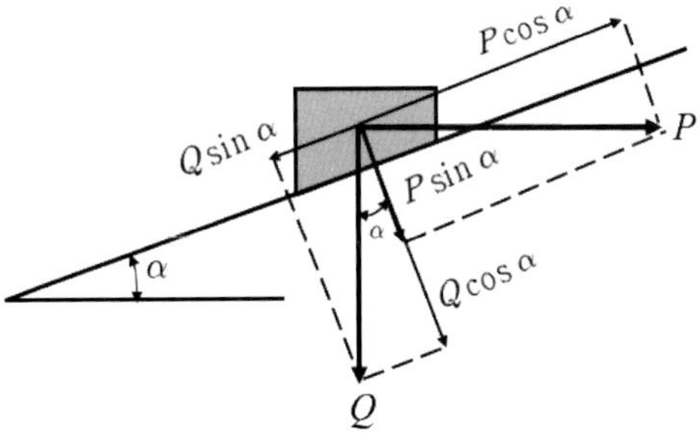

〈나사를 죌 때〉

$$P\cos\alpha - Q\sin\alpha = \mu(P\sin\alpha + Q\cos\alpha)$$

$$P\cos\alpha - Q\sin\alpha = \mu P\sin\alpha + \mu Q\cos\alpha$$

$$P\cos\alpha - \mu P\sin\alpha = \mu Q\cos\alpha + Q\sin\alpha$$

양변을 $P\cos\alpha$로 나누면

$$1 - \frac{\mu P\sin\alpha}{P\cos\alpha} = \frac{\mu Q\cos\alpha}{P\cos\alpha} + \frac{Q\sin\alpha}{P\cos\alpha}$$

$$1 - \mu\tan\alpha = \frac{Q}{P}(\mu + \tan\alpha)$$

$$P = \frac{Q(\mu + \tan\alpha)}{1 - \mu\tan\alpha} \qquad (1)$$

$$P = Q \cdot \tan(\rho + \alpha) \qquad (2)$$

$$= Q \cdot [\mu + \frac{p}{\pi d_e}]$$

$$cf)\ \tan(a \pm b) = \frac{\tan a \pm \tan b}{1 \mp \tan a \cdot \tan b}$$

식 (1)에서 $\tan\alpha - \frac{p}{\pi d_e}$ 를 적용하여 정리하면

$$P = Q(\frac{\mu\pi d_e + p}{\pi d_e \quad \mu p})$$

● 회전 토크, T

$$T = P \cdot \frac{d_e}{2} = Q \cdot \tan(\rho + \alpha) \cdot \frac{d_e}{2}$$

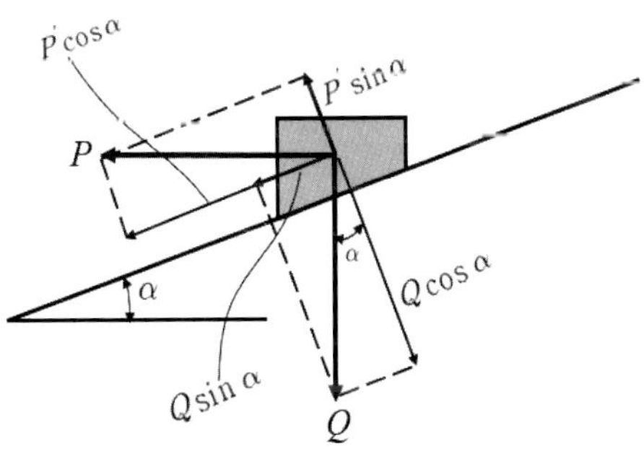

〈나사를 풀 때〉

● 나사를 풀 때 회전력

(2)식과 부호만 반대임

$$P = Q \cdot \tan(\rho - \alpha) \qquad (3)$$

● 삼각나사의 경우

$$\mu' = \frac{\mu}{\cos\beta} = \frac{\mu}{\cos 30} = \tan\rho$$

μ' : 상당마찰계수

ρ' : 상당마찰각

β : 여유각(*flank* ∠), 나사산각의 반

- 나사의 자립 조건

: 나사의 자립 조건은 스스로 풀리지 않을 때이므로 식 (3)에서 나사를 풀 때의 회전력, $P' \geq 0$일 때이다.

$$P' = Q\ \tan(\rho - \alpha) \geq 0 \qquad \therefore \alpha \leq \rho$$

즉 마찰각이 리드각보다 커야 미끄러져 내려오지 않고 자립할 수 있다.

(3) 나사의 효율

- 나사의 효율,

$$\eta = \frac{\text{축 방향 이동에 쓴 일 (유효 일)}}{\text{나사 회전에 쓴 일 (실제 수행 일)}} \quad \left[\frac{\text{마찰이 없을 때의 회전력}}{\text{마찰이 있을 때의 회전력}}\right]$$

$$= \frac{Q \cdot p}{2\pi \cdot T} = \frac{Q \cdot \pi d_e \tan\alpha}{2\pi \cdot Q\tan(\rho + \alpha) \cdot \dfrac{d_e}{2}}$$

$$= \frac{\tan\alpha}{\tan(\rho + \alpha)} < 1$$

$$\tan\alpha = \frac{p}{\pi d_e}, \quad \tan\rho = \mu$$

- 자립을 위한 나사의 효율 $\eta \leq 0.5 = 50\%$,

$$\because \alpha \leq \rho, \quad \eta = \frac{\tan\alpha}{\tan\alpha + \tan\rho} = \frac{\tan\alpha}{\tan\alpha + \tan(=\alpha)} = \frac{1}{2}$$

- 사각나사에서 최고 효율일 때의 나선각, $\alpha = \dfrac{\pi}{4} - \dfrac{\rho}{2}$

Q1) 다음 중 나사의 효율에 관한 식으로 맞는 것은?

❶ 나사의 효율 = 마찰이 없는 경우 회전력/마찰이 있는 경우 회전력

② 나사의 효율 = 마찰이 있는 경우 회전력/마찰이 없는 경우 회전력

③ 나사의 효율 = 나사의 1피치/나사의 1리드

④ 나사의 효율 = 나사의 1리드/나사의 1피치

Q2) M20×2.5 나사가 유효 지름이 18.396mm이고, 마찰계수가 0.1일 때 나사의 효율은?

① 약 37% ② 약 56% ❸ 약 27% ④ 약 46%

A2) $M = 20 \times 2.5$, $d_e = 18.396$, $\mu = 0.1$, $\eta = ?\%$

$$\tan\alpha = \frac{p}{\pi \cdot d_e} = 0.04$$

$$\tan\rho = \mu = 0.1$$

$$\eta = \frac{\tan\alpha}{\tan\alpha + \tan\rho} = \frac{0.04}{0.04 + 0.1} = 0.28 = 28\%$$

Q3) 30° 미터 사다리꼴 나사(1줄 나사)의 유효 지름이 18mm이고, 피치는 4mm이며 나사 접촉부 마찰 계수는 0.15일 때 이 나사의 효율은 약 몇 %인가?

① 24% ② 27% ❸ 31% ④ 35%

A3) $n = 1$, $d_e = 18mm$, $p = 4mm$, $\mu = 0.15$, $\eta = ?\%$

$$\tan\alpha = \frac{p}{\pi \cdot d_e} = 0.07$$

$$\tan\rho = \mu = 0.15$$

$$\eta = \frac{\tan\alpha}{\tan\alpha + \tan\rho} = \frac{0.07}{0.07 + 0.15} = 0.32 = 32\%$$

Q4) 바깥지름이 24mm인 1줄 사각나사에서 피치는 4mm, 유효 지름은 22.051mm이고, 나사 접촉부 마찰 계수는 0.1일 때 나사의 효율은?

❶ 36.4% ② 38.4% ③ 40.4% ④ 42.4%

A4) $n = 1$, $d_e = 22.051mm$, $p = 4mm$, $\mu = 0.1$, $\eta = ?\%$

$$\tan\alpha = \frac{p}{\pi d_e} = \frac{4}{\pi 22.051} = 0.058, \quad \tan\rho = \mu = 0.1$$

$$\eta = \frac{\tan\alpha}{\tan\alpha + \tan\rho} = \frac{0.058}{0.058 + 0.1} = 0.365, \quad 36.5\%$$

Q5) 리드각 α, 마찰계수 $\mu = \tan\rho$인 나사의 자립(自立) 조건을 만족하는 것은? (단, ρ는 마찰각을 의미한다.)

① $\alpha < 2\rho$ ② $2\alpha < \rho$ ❸ $\alpha < \rho$ ④ $\alpha > \rho$

2 기계요소 설계

3) 나사 설계(볼트 지름 구하기)

(1) 전단응력이나 인장응력이 주어진 경우 골지름, d

$$\tau = \frac{W}{A} = \frac{W}{\frac{\pi d^2}{4}}$$

$$\therefore d = \sqrt{\frac{4W}{\pi\tau}} = \sqrt{\frac{4W}{\pi\sigma}} \qquad (1)$$

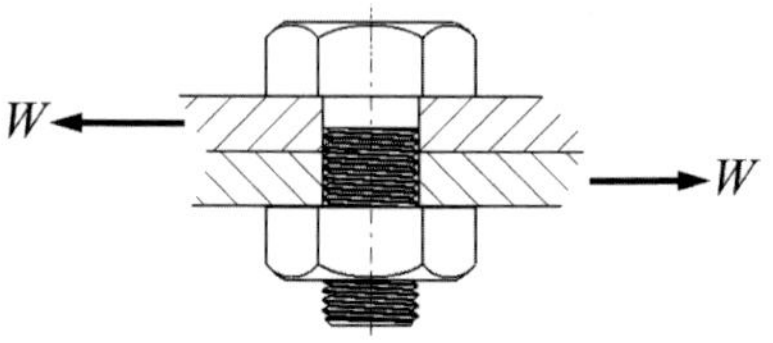

W: 볼트에 작용하는 하중
τ: 수평응력(전단응력)
σ: 수직응력(인장응력, 압축응력)
d: 골지름
D: 바깥지름(호칭경)

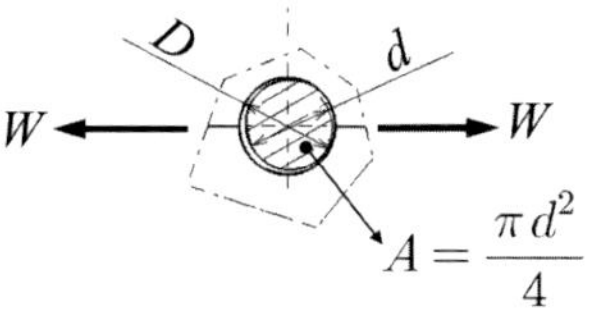

〈볼트에 하중이 작용할 때 단면적, A〉

안전계수, S가 주어지는 경우 골지름, $\sqrt{\frac{4WS}{\pi\sigma}}$ (아래의 공식들도 분자에 S 추가)

(2) 축하중(인장응력)만 주어진 경우 바깥지름, D

$$D = \sqrt{\frac{2W}{\sigma}} \qquad (2)$$

식 (1)에서 d = 0.8D 적용하여 유도, 아이볼트, 후크 등 중량물 들어 올리는 경우 적용

(3) 축하중(인장응력)과 비틀림 모멘트(토크) 주어진 경우 바깥지름, D

$$D = \sqrt{\frac{8W}{3\sigma}} \tag{3}$$

식 (2)에서 $(1+\frac{1}{3})W$ 적용 유도됨, 나사 잭과 같이 토크가 들어가는 경우, 가스, 유압관 등 압력이 미치는 경우에 적용

τ : 전단응력, σ : 수직(인장, 압축)응력, W : 하중(= F),
d : 골지름, D : 바깥지름(호칭경)

Q1) 연강제 볼트가 축 방향으로 8kN의 인장하중을 받고 있을 때, 이 볼트의 골지름은 약 몇 mm 이상이어야 하는가? (단, 볼트의 허용인장응력은 100MPa이다.)

① 7.4 ② 8.3 ③ 9.2 ❹ 10.1

A1) $W = 8kN = 8000N$
$d = ?mm$
$\sigma = 100MPa = 10N/mm^2$

$$d = \sqrt{\frac{4W}{\pi\sigma}} = \sqrt{\frac{4 \times 8000}{\pi \times 10}} = 10.1$$

Q2) 나사 프레스에서 나사는 압축 강도가 500N/mm²인 재료로 만들었으며, 여기에 최대 3kN의 압축 하중이 작용한다. 안전계수를 9 이상으로 할 때 나사 골지름은 약 몇 mm 이상이어야 하는가?

❶ 8.3 ② 10.4 ③ 12.8 ④ 14.5

A2) $\sigma = 500\ N/mm^2$
$W = 3kN = 3000N$
$S = 9$
$d = ?mm$

$$d = \sqrt{\frac{4WS}{\pi\sigma}} = \sqrt{\frac{4 \times 3000 \times 9}{\pi \times 500}}$$
$$= 8.29$$

Q3) 축 방향으로 10000N의 인장 하중이 작용하는 볼트에서 골지름은 약 몇 mm 이상이어야 하는가? (단, 볼트의 허용인장응력은 48N/mm²이다.)

① 13.2 ② 14.6 ③ 15.4 ❹ 16.3

A3) $W = 10000N$
$d = ?mm$
$\sigma = 48N/mm^2$

$$d = \sqrt{\frac{4W}{\pi\sigma}} = \sqrt{\frac{4 \cdot 10000}{\pi \cdot 48}} = 16.26$$

Q4) 10kN의 축 하중이 작용하는 볼트에서 볼트 재료의 허용인장응력이 60MPa일 때 축 하중을 견디기 위한 볼트의 최소 골지름은 약 몇 mm인가?

❶ 14.6 ② 18.4
③ 22.5 ④ 25.7

Q5) 안지름 300mm, 내압 $100N/cm^2$이 작용하고 있는 실린더 커버를 12개의 볼트로 체결하려고 한다. 볼트 1개에 작용하는 하중(W)은 약 몇 N인가?

① 3257 ❷ 5890 ③ 8976 ④ 11245

A5) $D_i = 300mm = 30cm$
$p = 100N/cm^2$
$n = 12$개
$W = ?\ N$

$$p = \frac{4W}{\pi D_i^2},\ W = \frac{p \cdot \pi D_i^2}{4} = \frac{100 \times \pi \times 30^2}{4} = 70685.74$$

볼트 하나에 작용하는 하중, $W_1 = \dfrac{W}{12} = 5890$

Q6) 안지름 400mm, 내압 $1N/mm^2$의 실린더 커버를 12개의 볼트로써 체결할 경우 체결 볼트의 골지름은 약 몇 mm 이상이어야 하는가? (단, 볼트 재료의 허용인장응력은 48MPa이고, 인장력만 작용한다고 가정한다.)

① 26.87mm　　② 24.45mm

③ 20.18mm　　❹ 16.67mm

A6) $D_i = 400mm$
$p = 1N/mm^2$
$n = 12$개
$d = ?mm$
$\sigma = 48N/mm^2$

① 압력을 고려한 하중, W

$$p = \frac{4W}{\pi D_i^2},\ W = \frac{p \cdot \pi D_i^2}{4} = \frac{1 \times \pi \times 400^2}{4} = 125663.7$$

② 인장응력을 고려한 골지름, d

$$\sigma = \frac{4W}{\pi d^2 \times 12},\ d = \sqrt{\frac{4W}{12\pi\sigma}} = \sqrt{\frac{4 \times 125663.7}{12\pi 48}} = 16.67$$

Q7) M22볼트(골지름 19.294mm)가 그림과 같이 2장의 강판을 고정하고 있다. 체결 볼트의 허용전단응력이 36.15MPa이라고 하면 최대 몇 kN까지의 하중(P)을 견딜 수 있는가?

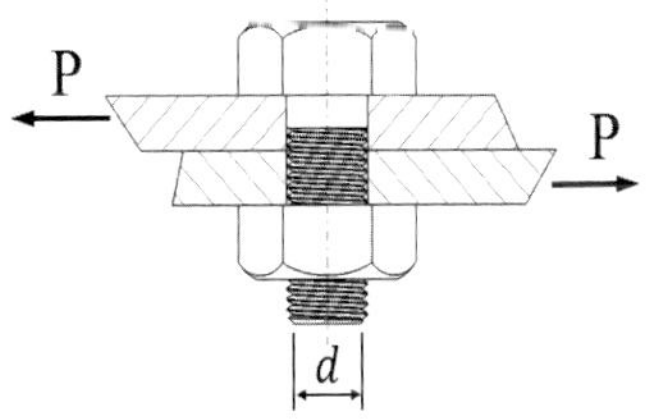

① 3.21　　② 7.54

❸ 10.57　　④ 11.48

A7) $d = 19.294mm$
$\tau = 36.15N/mm^2$
$P = ?kN$

$$\tau = \frac{4W}{\pi d^2},\ W = \frac{\pi\ \tau\ d^2}{4} = \frac{\pi\ 36.15 \times 19.294^2}{4} = 10569N$$
$$= 10.57kN$$

Q8) 그림과 같은 아이 볼트에 27kN의 하중(W)이 걸릴 때 사용 가능한 나사의 최소 크기는? (단, 나사부 허용인장응력을 60 MPa로 한다.)

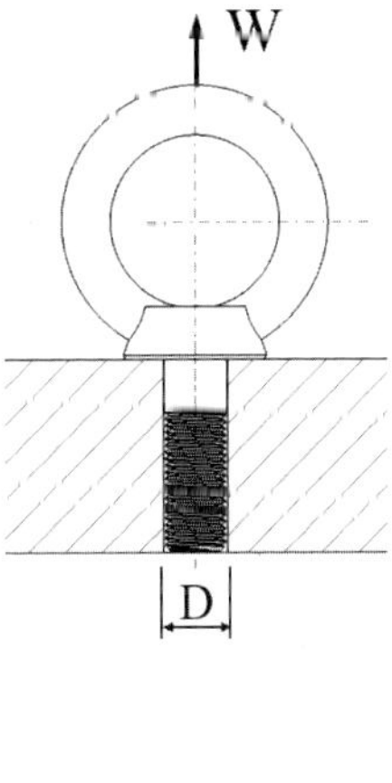

① M24　　❷ M30　　③ M36　　④ M45

A8) $W = 27kN - 27000$
$M = ?$
$\sigma = 60MPa - 60N/mm^2$

$$d = \sqrt{\frac{2W}{\sigma}} - \sqrt{\frac{2 \cdot 27000}{60}}$$
$$= 30 \quad = M30$$

Q9) 0.45t의 물체를 지지하는 아이볼트에서 볼트의 허용인장응력이 48MPa라 할 때, 다음 미터나사 중 가장 적합한 것은? (단, 나사 바깥지름은 골지름의 1.25배로 가정하고, 적합한 사양 중 가장 작은 크기를 선정한다.

❶ M14 ② M16 ③ M18 ④ M20

A9) $W = 0.45t = 450kg_f = 4410N$
$\sigma = 48MPa = 48N/mm^2$
$M = ?$

$$D = \sqrt{\frac{2W}{\sigma}} = \sqrt{\frac{2 \cdot 4410}{48}} = 13.55 = M14$$

Q10) $3000kg_f$의 수직 방향 하중이 작용하는 나사 잭을 설계할 때, 나사 잭 볼트의 바깥지름은 얼마인가? (단, 허용응력은 $6kg_f/mm^2$, 골지름은 바깥지름의 0.8배이다.)

① 12mm ❷ 32mm ③ 74mm ④ 126mm

A10) $W = 3000kg_f$
$\sigma = 6kg_f/mm^2$
$M = ?$

$$D = \sqrt{\frac{2W}{\sigma}} = \sqrt{\frac{2 \cdot 3000}{6}} = 31.6 = M32$$

Q11) 4ton의 축 방향 하중과 비틀림이 동시에 작용하고 있을 때 다음 중 가장 적합한 체결용 미터 보통나사 호칭은? (단, 허용 인장응력은 $4.8kg_f/mm^2$이고, 비틀림 응력은 수직응력의 1/3이다.)

① M58 ❷ M48 ③ M84 ④ M64

A11) $W = 4t = 4000kgf$
$\delta = 4.8kgf/mm^2$
$M = ?$

$$D = \sqrt{\frac{8 \cdot W}{3 \cdot \sigma}} = \sqrt{\frac{8 \times 4000}{3 \times 4.8}} = 47.1 = M48$$

Q12) 10kN의 하중을 올리는 나사 잭의 나사 막대의 지름을 몇 mm로 하면 가장 적당한가? (단, 나사 막대의 허용응력은 60MPa로 하고, 비틀림 응력은 수직응력의 1/3 정도로 본다.)

① 12mm ② 18mm ❸ 22mm ④ 25mm

A12) $W = 10kN = 10000N$
$\delta = 60MPa = 60N/mm^2$
$D = ?mm$

$$D = \sqrt{\frac{8 \cdot W}{3 \cdot \sigma}} = \sqrt{\frac{8 \times 10000}{3 \times 60}} = 21.08 = 22mm$$

Q13) 50kN의 축 방향 하중과 비틀림이 동시에 작용하고 있을 때 가장 적절한 최소 크기의 체결용 미터나사는? (단, 허용인장응력은 $45N/mm^2$이고, 비틀림 전단응력은 수직응력의 1/3이다.)

① M36 ② M42 ③ M48 ❹ M56

4) 리벳 이론

(1) 리벳 이음

리벳은 판재 또는 형강을 체결하는 결합용 기계요소로서 구조가 간단하고 잔류 변형이 없다. 기밀을 요하는 압력 용기나 보일러에 사용되고, 힘을 전달하는 교량 등 철재 구조물에 사용되며 항공기, 탱크 등의 판금 작업에도 사용된다.

리벳 작업은 아래의 (a)와 같이 받침쇠와 성형 스냅을 이용하여 성형하며 기계식보다 공압식 리벳 작업의 품질이 양호하다. 두께 5mm 이상의 판재는 그림 (b) 및 그림 (c)와 같이 코킹 및 플러링을 통하여 기밀을 강화한다. 정을 이용하여 작업하면 코킹, 판재 두께와 유사한 공구를 사용하면 플러링이라 한다.

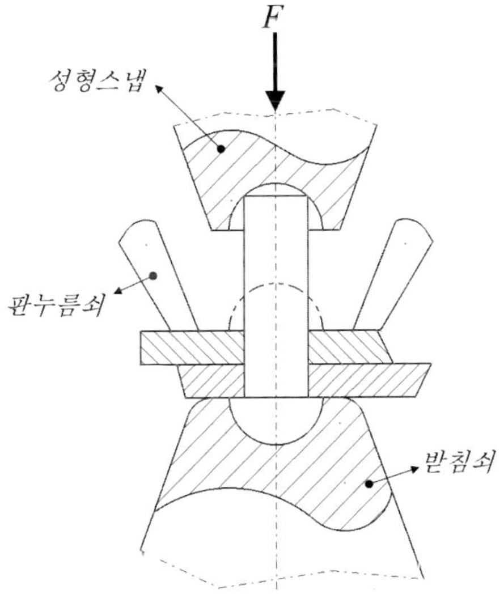

(a) 리벳성형

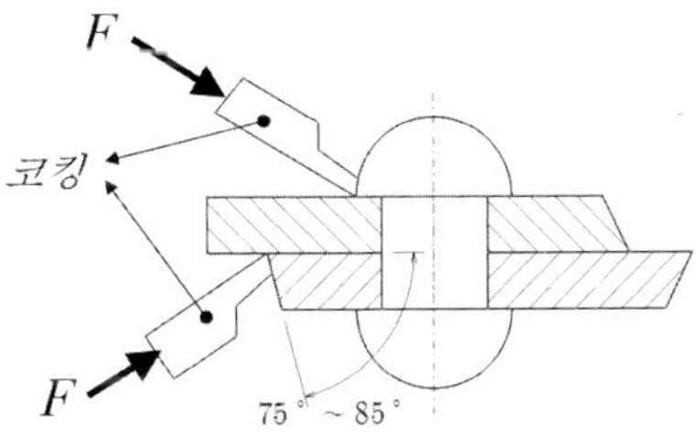

(b) 코킹

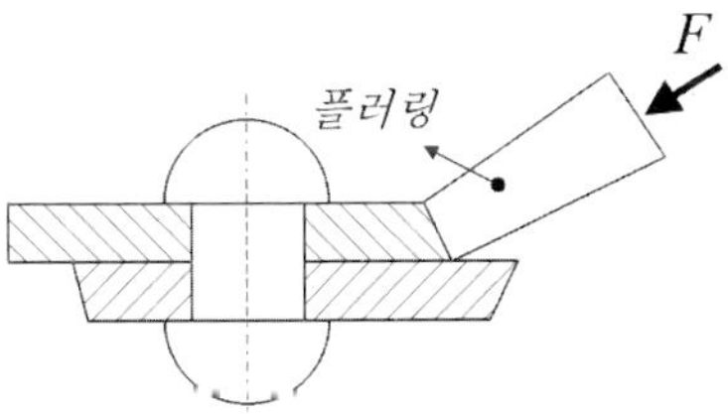

(c) 플러링

〈리벳 성형 작업〉

(2) 리벳 이음의 종류

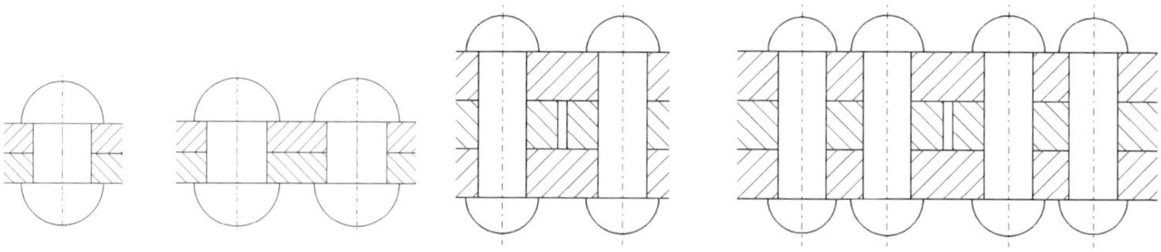

(a) 1줄 겹치기 이음 (b) 2줄 겹치기 이음 (c) 양쪽 덮개판 1줄 맞대기 이음 (d) 양쪽 덮개판 2줄 맞대기 이음

〈리벳 이음의 종류〉

(3) 리벳 이음의 특징

- 강판 두께에 한계가 있으며 이음 효율이 낮다.
- 강구조물 등에서 현지 조립할 때는 용접 이음보다 쉽다.
- 경합금과 같이 용접이 곤란한 재료에 적합하다.
- 잔류응력이나 잔류 변형이 생기지 않는다.

Q1) 정(Chisel) 등의 공구를 사용하여 리벳 머리의 주위와 강판의 가장자리를 두드리는 작업을 코킹(caulking)이라 하는데, 이러한 작업을 실시하는 목적으로 적절한 것은?

① 리벳팅 작업에 있어서 강판의 강도를 크게 하기 위하여

❷ 리벳팅 작업에 있어서 기밀을 유지하기 위하여

③ 리벳팅 작업 중 파손된 부분을 수정하기 위하여

④ 리벳이 들어갈 구멍을 뚫기 위하여

Q2) 다음과 같은 리벳에 작용하는 강도 중 가장 중요하게 고려해야 할 강도는? (단, 판이 아닌 리벳만 고려한다.)

① 압축강도 ❷ 전단강도 ③ 비틀림강도 ④ 굽힘강도

Q3) 2개의 강판에 대해 동일한 재질의, 동일한 리벳 지름으로 다음과 같은 이음 방법을 적용하고자 할 때 강판에 가할 수 있는 인장력이 가장 큰 것은?

① 2줄 겹치기 이음 ② 양쪽 덮개판 1줄 맞대기 이음

③ 한쪽 덮개판 2줄 맞대기 이음 ❹ 양쪽 덮개판 2줄 맞대기 이음

Q4) 리벳 이음의 장점에 해당하지 않는 것은?

① 열응력에 의한 잔류응력이 생기지 않는다.

② 경합금과 같이 용접이 곤란한 재료의 결합에 적합하다.

❸ 리벳 이음 한 구조물에 대해서 분해 조립이 간편하다.

④ 구조물 등에 사용할 때 현장 조립의 경우 용접 작업보다 용이하다.

Q5) 리벳 이음의 특징에 대한 설명으로 옳은 것은?

① 용접 이음에 비해서 응력에 의한 잔류 변형이 많이 생긴다.

② 리벳 길이 방향으로의 인장하중을 지지하는데 유리하다.

❸ 경합금에서는 용접 이음보다 신뢰성이 높다.

④ 철골 구조물, 항공기 동체 등에는 적용하기 어렵다.

5) 리벳 설계

(1) 리벳에 작용하는 전단응력

$$\tau = \frac{F}{\frac{\pi d^2 n}{4}} = \frac{4F}{\pi d^2 n}$$

τ : 리벳에 작용하는 전단응력(MPa),

d : 리벳의 직경(mm),

n : 리벳의 갯수

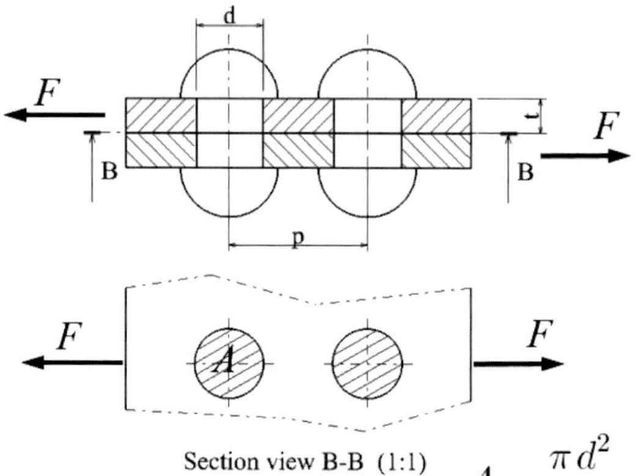

$$A = \frac{\pi d^2}{4}$$

〈리벳에 전단하중이 작용할 때 단면적, A〉

Q1) 1줄 겹치기 리벳 이음에서 리벳의 수는 3개, 리벳 지름은 18mm, 작용 하중은 10kN일 때 리벳 하나에 작용하는 전단응력은 약 몇 MPa인가?

① 6.8 ❷ 13.1 ③ 24.6 ④ 32.5

A1) $n = 3$
$d = 18mm$
$F = 10kN = 10000N$
$\tau = ?\ MPa$

$$\tau = \frac{4F}{\pi d^2 n} = \frac{4 \times 10000}{\pi \times 18^2 \times 3} = 13.1$$
$$= 13.1\,MPa$$

Q2) 10kN의 인장하중을 받는 1줄 겹치기 이음이 있다. 리벳의 지름이 16mm라고 하면 몇 개 이상의 리벳을 사용해야 되는가? (단, 리벳의 허용전단응력은 6.5MPa이다.)

① 5 ② 6 ③ 7 ❹ 8

A2) $F = 10kN = 10000N$
$d = 16mm$
$n = ?$
$\tau = 6.5MPa = 6.5N/mm^2$

$$\tau = \frac{4F}{\pi d^2 n},\quad n = \frac{4F}{\pi d^2 \tau} = \frac{4 \times 10000}{\pi 16^2 \times 6.5} = 7.65$$

∴ 8개 이상 필요

Q3) 허용전단응력 $60N/mm^2$의 리벳이 있다. 이 리벳에 15kN의 전단 하중을 작용시킬 때 리벳의 지름은 약 몇 mm 이상이어야 안전한가?

❶ 17.85 ② 20.50

③ 25.25 ④ 30.85

(2) 판에 작용하는 인장응력

$$\sigma = \frac{F}{t(p-d)}$$

σ : 판에 작용하는 인장응력(MPa)

t : 판 두께(mm)

p : 리벳 사이의 피치(mm)

d : 리벳의 직경(mm)

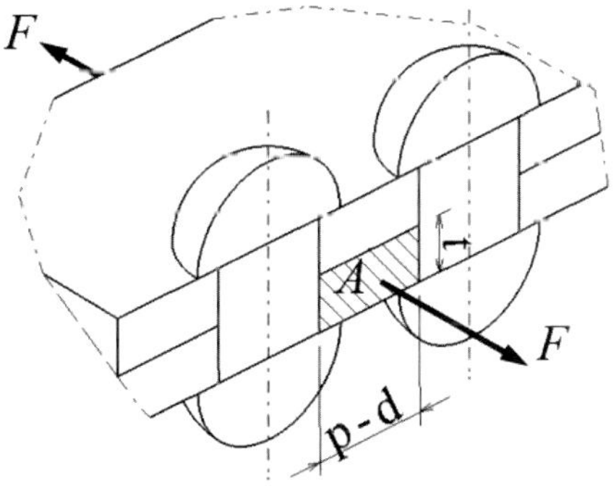

$$A=(p-d)t$$

〈판에 인장하중이 작용할 때 단면적, A〉

Q1) 두께 10mm 강판을 지름 20mm 리벳으로 한 줄 겹치기 리벳 이음을 할 때 리벳에 발생하는 전단력과 판에 작용하는 인장력이 같도록 할 수 있는 피치는 약 몇mm인가? (단, 리벳에 작용하는 전단응력과 판에 작용하는 인장응력은 동일하다고 본다.)

❶ 51.4 ② 73.6 ③ 163.6 ④ 205.6

A1) $t=10mm$
$d=20mm$
$\tau=\sigma$
$p=?$

$$\sigma=\frac{F}{(p-d)t} \text{ ----- ①}$$

$$\tau=\frac{4F}{\pi d^2} \text{ ----------- ②} \qquad ①=②$$

$$\frac{F}{(p-d)t}=\frac{4F}{\pi d^2},\ p-d=\frac{\pi d^2}{4t},\ p=\frac{\pi d^2}{4t}+d=\frac{\pi 20^2}{40}+20=51.4$$

Q2) 1줄 겹치기 리벳 이음에서 피치는 리벳 지름의 3배이고, 리벳의 전단력과 강판의 인장력이 같을 때, 강판 두께(t)와 리벳 지름(d)과의 관계는? (단, 강판에서 발생하는 인장응력은 리벳에서 발생하는 전단응력의 2배이다.)

❶ $t=\frac{\pi d}{16}$ ② $t=\frac{\pi d}{4}$ ③ $t=\frac{\pi d}{8}$ ④ $t=\frac{\pi d}{2}$

A2) $p=3d$

$\sigma=2\tau$

$$\sigma=2\tau=\frac{F}{(p-d)t}$$

$$F=2\tau\times t(p-d)=2\tau\times t(3d-d)=2\tau\times t(2d)=4\tau td \quad \text{---- ①}$$

$$\tau=\frac{4F}{\pi d^2 n},\quad F=\frac{\tau\pi d^2}{4} \quad \text{---- ②}$$

$$\text{①}=\text{②}\quad 4\tau td=\frac{\tau\pi d^2}{4},\qquad t=\frac{\pi d}{16}$$

Q3) 147kN의 인장하중을 받는 강판이 양쪽 덮개판 리벳 이음으로 연결되어 있다. 리벳의 지름이 13mm라면 리벳의 수는 몇 개 이상을 사용하면 좋은가? (단, 리벳의 허용전단응력은 50MPa이고, 양쪽 덮개판 이음에 따른 전단면 개수는 1.8로 한다.)

❶ 13개 ② 11개

③ 9개 ④ 7개

(3) 리벳 효율

리벳 이음 강판의 효율, η

$$\eta = \frac{p-d}{p}$$

$$= \frac{\text{리벳이 있을 때 강도}}{\text{리벳이 없을 때 강도}}$$

d : 리벳의 직경(mm),

p : 리벳 사이의 피치(mm)

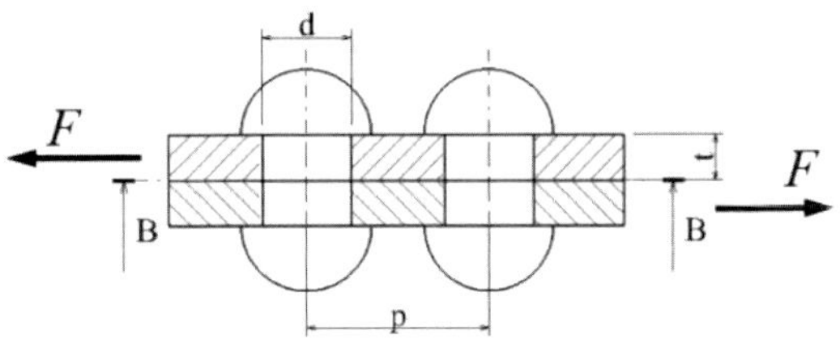

〈리벳 이음 강판의 효율〉

Q1) 1줄 리벳 겹치기 이음에서 강판의 효율(η)을 나타내는 식은? (단, p = 리벳의 피치, d = 리벳 구멍의 지름, t = 강판의 두께, σ_t = 강판의 인장응력이다.)

① $\frac{d-p}{d}$ ❷ $\frac{p-d}{p}$ ③ $pt\sigma_t$ ④ $(p-d)t\sigma_t$

Q2) 강판의 두께는 14mm, 리벳 지름은 17mm, 리벳의 피치는 48mm인 1줄 겹치기 리벳 이음에서 1피치마다 10kN의 하중이 작용할 때 강판의 효율은? (단, 리벳 구멍의 지름은 리벳의 지름과 같다고 가정한다.)

① 51.76% ② 55.12% ③ 60.34% ❹ 64.58%

A2) $t = 14mm$
$d = 17mm$
$p = 48mm$
$F = 10kN = 10000N$
$\eta = ?\%$

$$\eta = \frac{p-d}{p} \times 100\% = \frac{48-17}{48} \times 100\%$$

$$= \frac{31}{48} \times 100\% = 64.58\%$$

6) 용접 이론

용접은 두 개 이상의 금속을 가열, 가압 등의 방법으로 국부적으로 접합하는 작업이다. 용접부는 가열에 의한 열팽창과 냉각에 의한 수축에 의해 변형이 수반되고 냉각 후에도 잔류응력이 남는다.

(1) 용접 이음의 장점

- 사용 기계(용접기)가 간단하다.
- 리벳, 볼트 등의 기계 결합 요소가 필요 없다.
- 사용 재료의 두께에 제한이 없다.
- 용접 이음은 기밀 유지가 가능하다.
- 다른 이음 작업과 비교하여 작업 공정이 적은 편이다.
- 이음 효율을 100%까지 할 수 있다.

(2) 용접 이음의 단점

- 사용 재료에 제한이 있다.
- 열응력, 수축, 잔류응력으로 인한 변형 위험이 있다.
- 용접부가 취성 파괴될 수 있다.
- 용접부의 강도가 저하될 수 있다.
- 작업자의 숙련도에 따라 용접부 품질과 강도가 좌우된다.

(3) 용접 이음의 강도

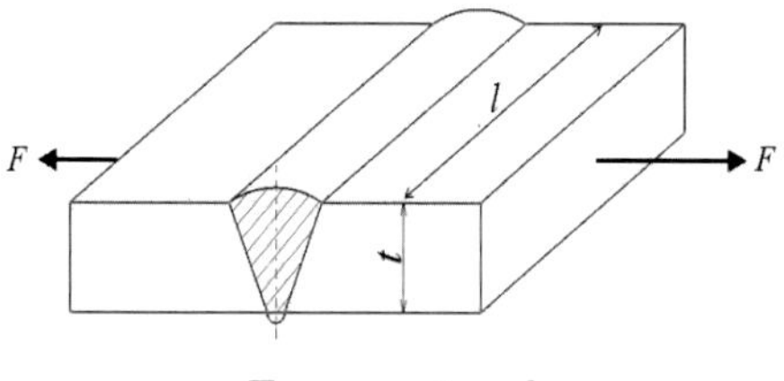

$F = \sigma_t \cdot t \cdot l$

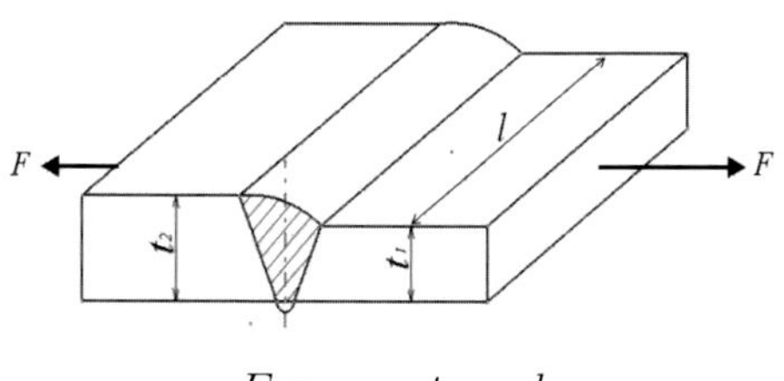

$F = \sigma_t \cdot t_1 \cdot l$

F: 인장하중, σ_t: 인장응력, t: 판두께, l: 용접길이

Q1) 그림과 같은 맞대기 용접 이음에서 인장하중, $W(N)$, 강판의 두께, $h(mm)$라고 할 때 용접길이, $l(mm)$을 구하는 식은? (단, 상하 용접부 목 두께가 각각 $t_1(mm)$, $t_2(mm)$이고 용접부에서 발생하는 인장응력은 $\sigma_t(N/mm^2)$이다.)

① $l=\dfrac{W}{h\sigma_t}$ ❷ $l=\dfrac{W}{(t_1+t_2)\sigma_t}$

③ $l=\dfrac{0.707W}{h\sigma_t}$ ④ $l=\dfrac{0.707W}{(t_1+t_2)\sigma_t}$

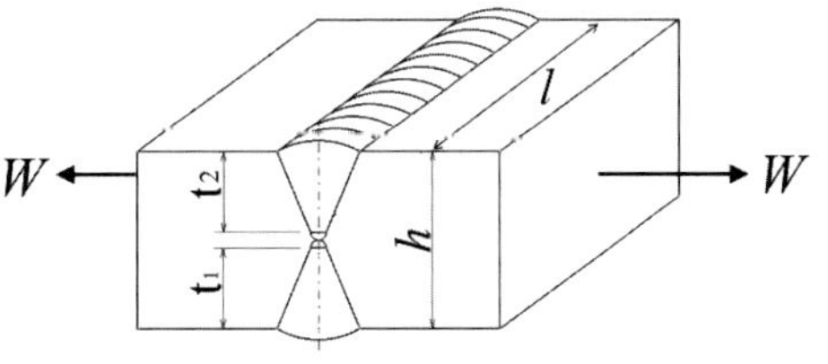

Q2) 다음 중 볼트 이음 또는 리벳 이음과 비교한 용접 이음의 장점으로 가장 적절하지 않은 것은?

① 기밀 및 수밀성이 우수하다. ❷ 잔류응력이 발생하지 않는다.

③ 전체적인 제품 중량을 적게 할 수 있다. ④ 공정수를 줄일 수 있고, 제작비가 저렴하다.

Q3) 다음 중 용접 이음의 장점으로 틀린 것은?

① 사용 재료의 두께에 제한이 없다. ❷ 용접 이음은 기밀 유지가 불가능하다.

③ 이음 효율을 100%까지 할 수 있다. ④ 리벳, 볼트 등의 기계 결합 요소가 필요 없다.

Q4) 다음 중 용접 이음의 단점에 속하지 않는 것은?

① 내부 결함이 생기기 쉽고 정확한 검사가 어렵다.

② 용접공의 기능에 따라 용접부의 강도가 좌우된다.

❸ 다른 이음 작업과 비교하여 작업 공정이 많은 편이다.

④ 잔류응력이 발생하기 쉬워서 이를 제거해야 하는 작업이 필요하다.

Q5) 용접 가공에 대한 일반적인 특징 설명으로 틀린 것은?

① 공정 수를 줄일 수 있어서 제작비가 저렴하다.

② 기밀 및 수밀성이 양호하다.

❸ 열 영향에 의한 재료의 변질이 거의 없다

④ 잔류응력이 발생하기 쉽다.

Q6) 접합할 모재의 한쪽에 구멍을 뚫고, 판재의 표면까지 용접하여 다른 쪽 모재와 접합하는 용접 방법은?

① 그루브 용접 ② 필릿 용접

③ 비드 용접 ❹ 플러그 용접

2 기계요소 설계

Q7) 맞대기 용접이음에서 압축하중을 W, 용접부의 길이를 l, 판 두께를 t라 할 때, 용접부의 압축 응력을 계산하는 식으로 옳은 것은?

① $\sigma = Wt/l$ ❷ $\sigma = W/tl$ ③ $\sigma = Wt$ ④ $\sigma = tl/W$

Q8) 직경 50mm인 파이프의 하단을 철판에 전둘레 필렛 용접하려고 한다. 용접 길이는 약 몇 mm인가?

❶ 157 ② 167 ③ 250 ④ 300

A8) 파이프의 전둘레 필렛 용접 시 용접 길이 = 파이프의 원주 길이이다.

$l = \pi d = \pi \times 50 = 157$

7) 키 이론

키는 축과 보스(풀리, 기어 등)를 결합하여 동력을 전달하는 기계요소이다.

전달력(토크) 큰 순서	스세접(성)핀평안 스플라인 〉 세레이션 〉 접선키 〉 성크키(묻힘키) 〉 핀키(둥근키) 〉 평키 〉 안장키
스플라인	축 둘레에 사각 턱을 만들어 큰 회전력을 전달
세레이션	축 둘레에 삼각형의 이를 만들어 축과 보스를 고정시킴, 자동차 핸들 고정용, 전동기, 발전기의 전기자 축에 사용
접선키	역회전을 할 수 있도록 2개의 키를 끼우는 키, 중하중용, 역회전하는 경우는 120° 각도로 두 군데 홈을 판다.
핀키(둥근키)	핸들과 같이 토크가 작은 것의 고정
평키	축에 홈을 파지 않고 평면으로 가공 후 키를 고정한다.
안장키(새들 키)	축에 키홈을 파지 않고 사용하는 키
원뿔키	보스에 키홈이 아닌 통형 원뿔키를 박아 쐐기 효과로 마찰만으로 전동, 축과 보스에 키홈을 안 냄.
반달키	자동으로 중심을 잡음, 자동 조심형, 우드러프키라고 함.
페더키	미끄럼키로서, 보스가 축에 고정되어 있지 않고 보스가 축 위를 미끄러질 수 있는 구조로 된 테이퍼가 없는 키를 말한다.

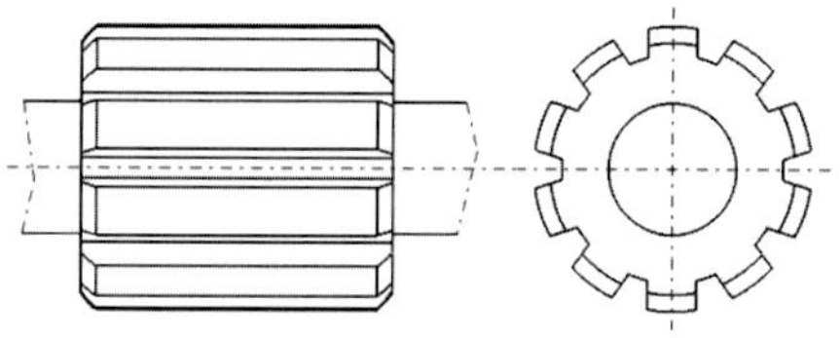

(a) 스플라인

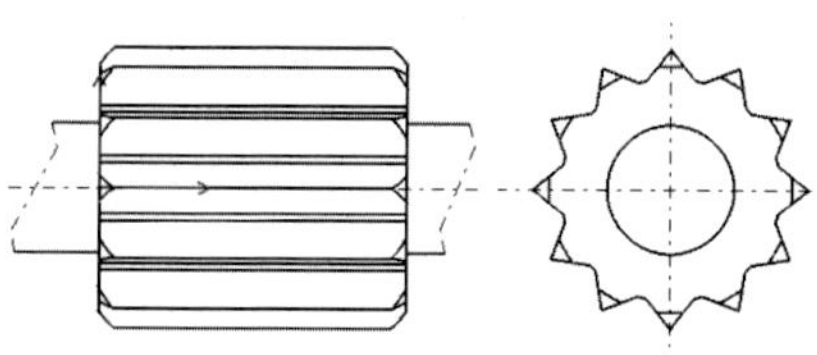

(b) 세레이션

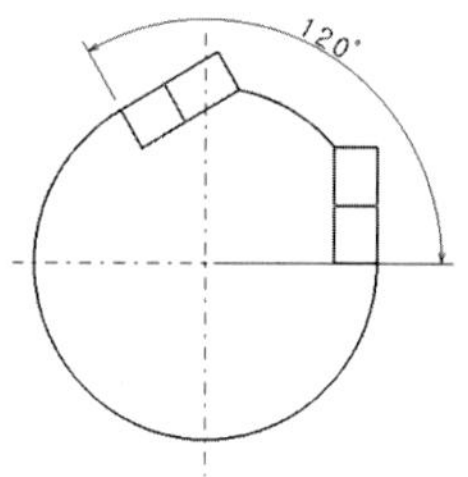

(c) 접선키

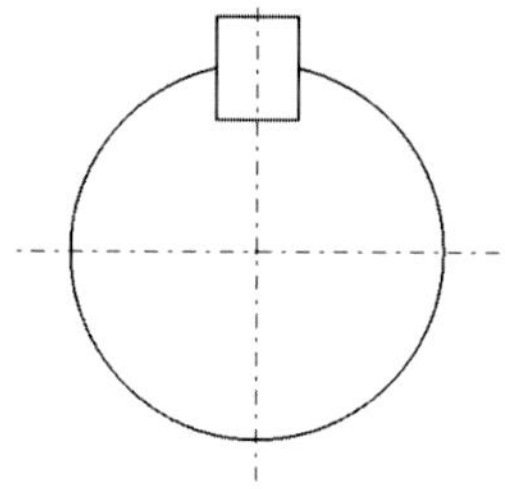

(d) 성크키(묻힘키)

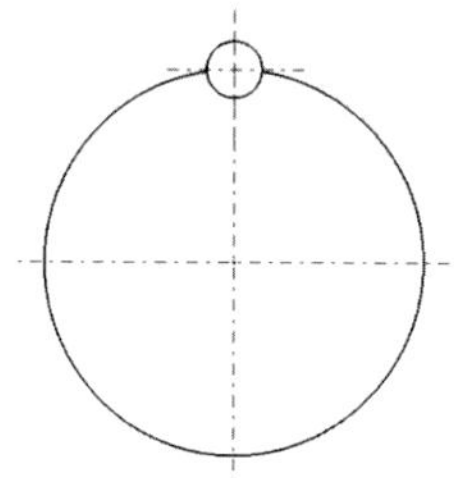

(e) 핀키(둥근키)

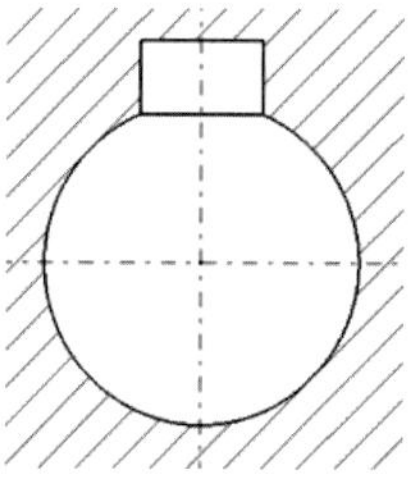

(f) 평키(납작키, Flat key)

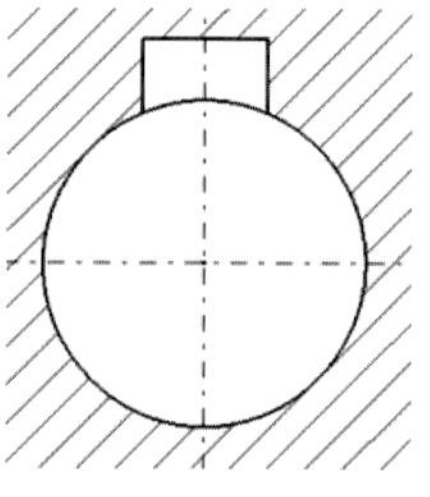

(g) 안장키(새들키)

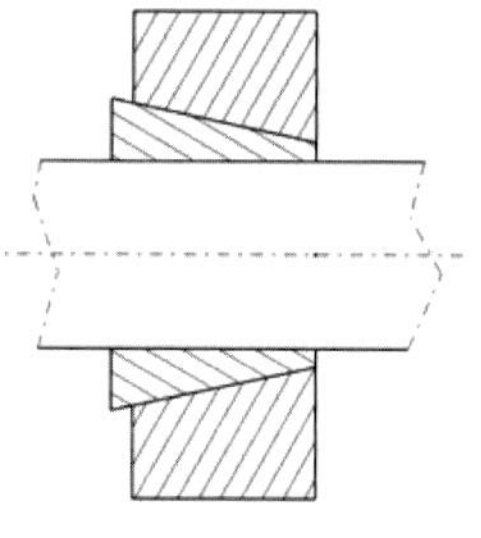

(h) 원뿔키

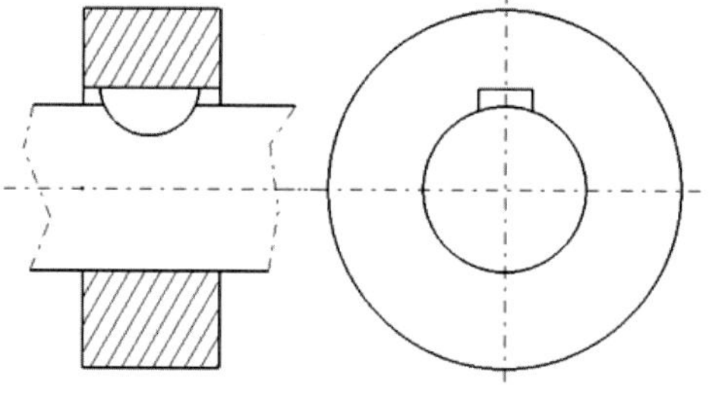

(i) 반달키 (우드러프키)

〈키의 종류〉

Q1) 축에 풀리, 기어, 플라이휠, 커플링 등의 회전체를 고정시켜서 원주 방향의 상대적인 운동을 방지하면서 회전력을 전달시키는 기계요소는?

① 볼트 ② 코터
③ 리벳 ❹ 키

Q2) 축의 원주에 여러 개의 키를 가공한 것으로 큰 토크를 전달할 수 있고 내구력이 크며 축과 보스와의 중심축을 정확하게 맞출 수 있는 것은?

❶ 스플라인 ② 미끄럼키
③ 묻힘키 ④ 반달키

Q3) 다음 중 전달할 수 있는 회전력의 크기가 가장 큰 키(Key)는?

❶ 접선키 ② 안장키
③ 평행키 ④ 둥근키

Q4) 마찰에 의하여 회전력을 전달하며 축의 임의의 위치에 보스를 고정할 수 있는 키는?

① 미끄럼키 ② 스플라인
③ 접선키 ❹ 원뿔키

Q5) 다음 중 축에는 가공을 하지 않고, 보스 쪽에만 홈을 가공하여 조립하는 키는?

❶ 안장키(saddle key) ② 납작키(flat key)
③ 묻힘키(sunk key) ④ 둥근키(round key)

Q6) 축의 홈 속에서 자유로이 기울어질 수 있어 키가 자동적으로 축과 보스에 조정되는 장점이 있지만, 키 홈의 깊이가 커서 축의 강도가 약해지는 단점이 있는 키는?

❶ 반달키 ② 원뿔키
③ 묻힘키 ④ 평행키

Q7) 축 방향으로 보스를 미끄럼 운동시킬 필요가 있을 때 사용하는 키는?

❶ 페더(feather)키 ② 반달(woodruff)키
③ 성크(sunk)키 ④ 안장(saddle)키

8) 키 설계

- 키 설계는 축과 연계되므로 "6) 축계 기계요소"에서 다룸

2 기계요소 설계

9) 코터 이론

코터는 한쪽 또는 양쪽에 기울기를 갖는 쐬기로서 두 축을 연결하는 기계요소이다. 한 축에는 로드 엔드(load end)가 연결되고 다른 축에는 소켓(socket)이 연결되며, 상호 연결된 코터 구멍에 코터를 때려 박아서 체결한다. 피스톤 로드, 커넥팅 로드 등에 쓰인다.

- 응력 계산 시 작용 단면적을 조립된 코터 단면의 상부와 하부 2개소로 한다.
- 코터 자립 조건 : 코터는 기울기 면의 마찰력에 의해 자립 상태를 유지하며 쐐기 역할을 한다. 구배(taper)각도, α와 마찰각, ρ는 아래의 관계를 가진다. 양쪽 구배인 경우 $\alpha \le \rho$, 한쪽 구배인 경우 $\alpha \le 2\rho$
- 반영구적으로 부착하는 경우 코터의 기울기, $\tan\alpha = \frac{1}{20} \sim \frac{1}{40}$,

  자주 탈부착하는 경우 코터의 기울기, $\tan\alpha = \frac{1}{5} \sim \frac{1}{10}$을 사용한다.

10) 핀 이론

핀은 키 대신 사용되기도 하고, 볼트, 너트 및 코터의 풀림 방지, 핸들과 축의 고정 등에 사용되는 기계요소로서 치공구 등에서 부품의 위치를 결정할 때 주로 사용한다.

(1) 핀의 종류

- 평행 핀 : 분해 조립하는 부품의 위치를 결정하고 결합할 때 사용한다.
- 테이퍼 핀 : 테이퍼(1/50)가 있으며 호칭 지름은 작은 쪽 지름으로 표시한다.
- 분할 핀 : 두 갈래로 갈라지므로 너트의 풀림 방지에 사용한다.
- 스프링 핀 : 세로 방향으로 쪼개져 있어 구멍 크기가 정확하지 않을 때 사용한다.
- 너클 핀 : 한쪽 포크(Fork)에 아이로드(Eye load) 부분을 연결하고 구멍에 수직으로 평행 핀을 끼워 두 부분이 회전운동 하도록 연결한다. 응력 계산 시 전단 면적을 아이로드의 상단과 하단 2개소로 한다.

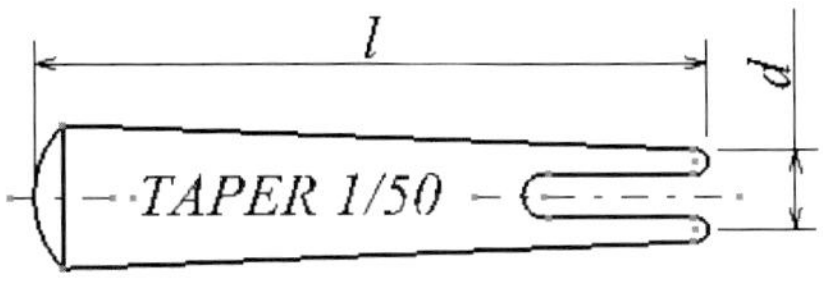

(a) 테이퍼 핀

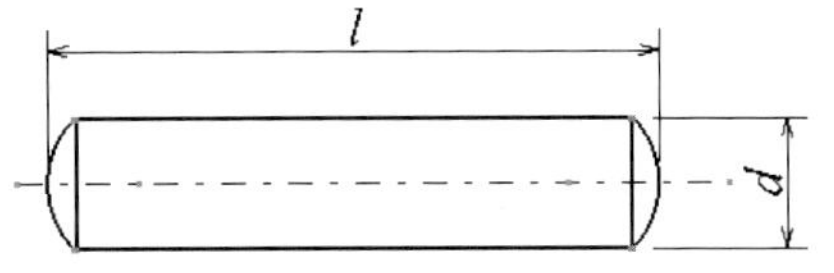

(b) 평행핀 B형

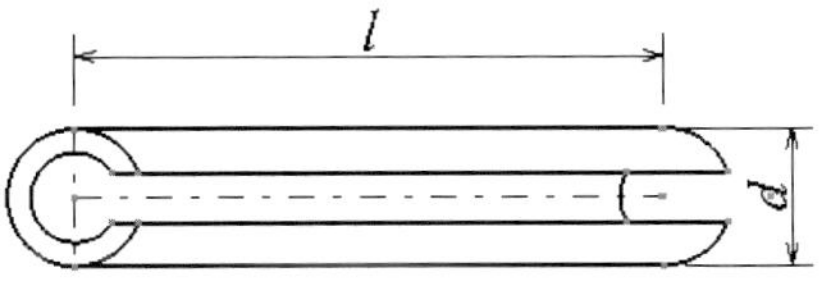

(c) 스프링 핀

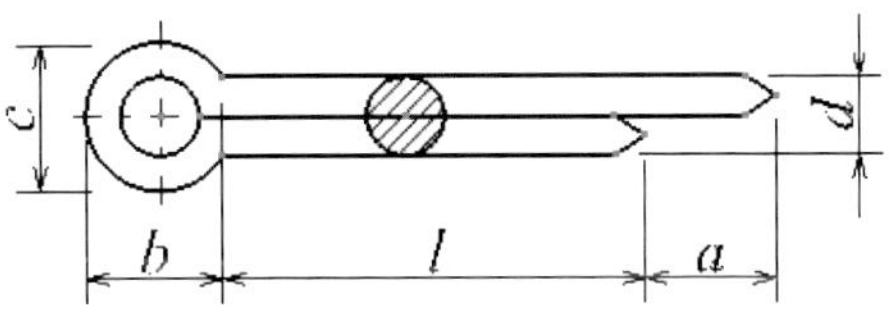

(d) 분할 핀

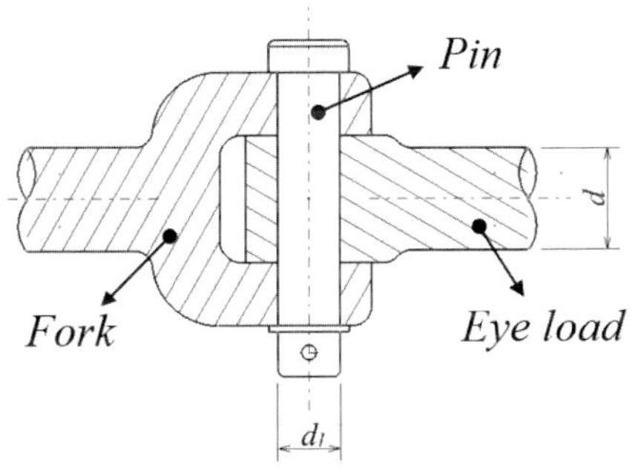

(e) 너클 핀

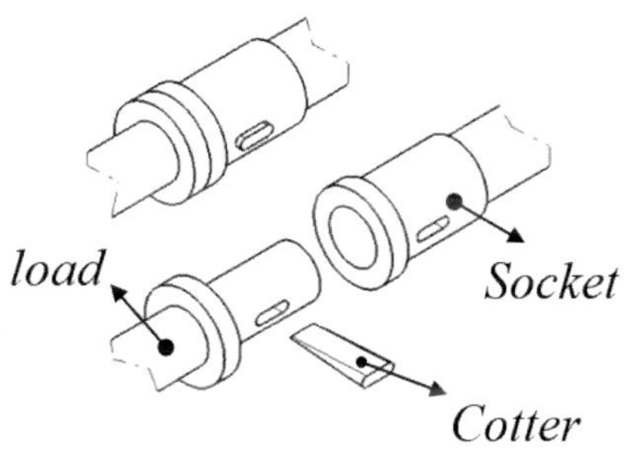

(f) 코터

<핀의 종류>

Q1) 너클 핀 이음에서 인장력이 50kN인 핀의 허용전단응력을 50MPa이라고 할 때, 핀의 지름 d는 몇 mm 인가?

① 22.8　　❷ 25.2　　③ 28.2　　④ 35.7

A1) $F = 50kN = 50000N$
$\tau = 50N/mm^2$
$d = ?mm$

$$\tau = \frac{F}{A} = \frac{F}{\frac{\pi d^2 \cdot 2}{4}} = \frac{4F}{\pi d^2 \cdot 2}$$

$$, d^2 = \frac{4F}{2\pi\tau},\ d = \sqrt{\frac{2F}{\pi\tau}} = \sqrt{\frac{10000}{50\pi}} = 25.23mm$$

Q2) 너클 핀이음에서 인장하중(P) 20kN을 지지하기 위한 핀의 지름(d_1)은 약 몇 mm 이상이어야 하는가? (단, 핀의 전단 응력은 50N/mm^{2}이며, 전단응력만 고려한다.)

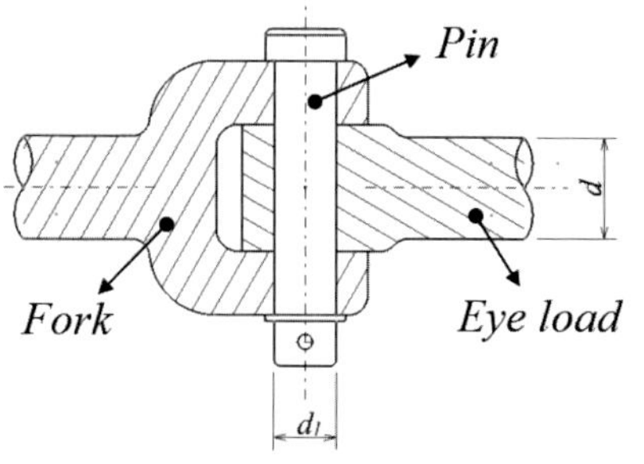

① 10　　❷ 16　　③ 20　　④ 28

A2) $F = 20kN = 20000N$
$d = ?mm$
$\tau = 50N/mm^2$
전단면적 2개소 고려

$$\tau = \frac{4F}{\pi d^2 \cdot 2}$$

$$d^2 = \frac{4F}{2\pi\tau},\ d = \sqrt{\frac{2F}{\pi\tau}} = \sqrt{\frac{2 \cdot 20000}{\pi \cdot 50}} = 15.95mm$$

Q3) 압축력이 12760N, 코터의 두께 10mm, 코터의 폭이 20mm일 때 코터의 전단응력은 약 몇 MPa인가?

❶ 31.9　　② 319　　③ 63.8　　④ 638

A3) $F = 12760N$
$t = 10mm$
$b = 20mm$
$\tau = ?MPa$
전단 면적 2개소 고려

$$\tau = \frac{F}{A} = \frac{F}{2 \cdot b \cdot t} = \frac{12760}{2 \cdot 10 \cdot 20} = 31.9MPa$$

Q4) 양쪽 기울기를 가진 코터에서 저절로 빠지지 않기 위한 자립 조건으로 옳은 것은? (단, α는 코터 중심에 대한 기울기 각도이고, ρ는 코터와 로드엔드와의 접촉부 마찰계수에 대응하는 마찰각이다.)

❶ $\alpha \le \rho$　　② $\alpha \ge \rho$　　③ $\alpha \le 2\rho$　　④ $\alpha \ge 2\rho$

2.3 전동용 기계요소(기어, 마찰차, 벨트, 체인)

1) 기어 이론

기어는 원주상에 일정한 간격으로 톱니를 갖고, 상대편 축에 붙어 있는 기어의 톱니와 차례로 맞물리면서 동력을 전달하거나 전달받도록 설계된 기계요소이다.

기어의 특징 (vs 마찰차)	• 큰 동력을 일정한 속도비로 전달할 수 있다. • 전동 효율이 좋고 감속비를 크게 할 수 있다. • 축압력이 작다. (마찰차는 밀어붙이는 힘, Q가 크다.) • 충격에 약하다. (구름베어링, 볼스크류 등과 동일하다.) • 소음, 진동이 발생한다.
언더컷 방지법	• 축간 거리를 짧게한다. • 이끝 높이를 표준보다 낮게 한다. • 이끝면을 깎거나 이뿌리면을 파낸다. • 압력각을 크게 한다. (20도 이상) • 전위기어를 사용한다.
전위 기어	• 강도를 높이기 위해 사용한다. • 물림률을 크게 한다. (속도비와는 무관, 잇수와 유관) • 축간 거리를 자유롭게 이동하기 위해 사용한다. • 언더컷을 피하기 위해 사용한다.
기어의 제도법	• 이끝원은 굵은 실선으로 그린다. • 피치원은 가는 1점 쇄선으로 그린다. • 이뿌리원은 가는 실선으로 그린다. (단, 정면도를 단면으로 도시할 때는 굵은 실선) • 이뿌리원은 측면도에서 생략해도 좋다. • 맞물리는 한 쌍의 스퍼기어를 그릴 때에는 측면도의 이끝원은 항상 굵은 실선으로 그린다.

<table>
<tr><td>기어의 종류</td><td>

- 두축이 평행 : 스퍼(평)기어, 헬리컬기어, 내접기어, 랙과 피니언
- 두축이 만남 : 베벨기어 (직각 혹은 둔각으로 축이 교차함)
- 두축이 엇갈림 : 나사기어, 웜과 웜휠(큰 감속비), 하이포이드 기어

<table>
<tr><td>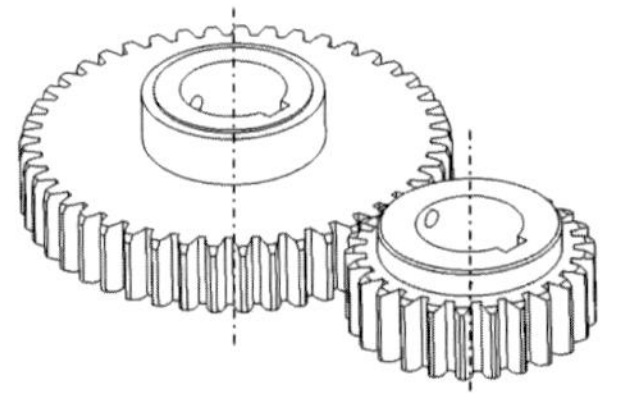</td><td>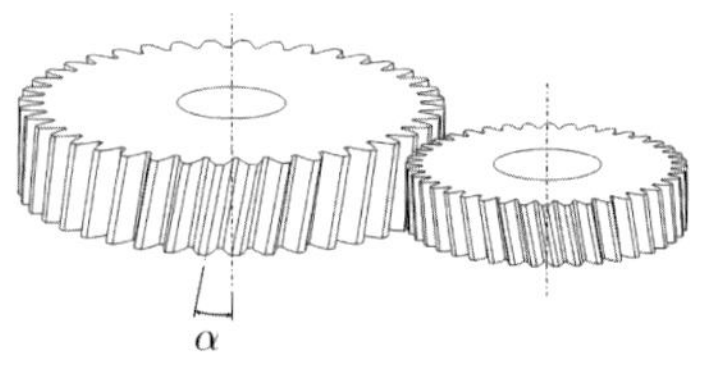
</td></tr>
<tr><td>(a) 스퍼기어</td><td>(b) 헬리컬기어</td></tr>
<tr><td>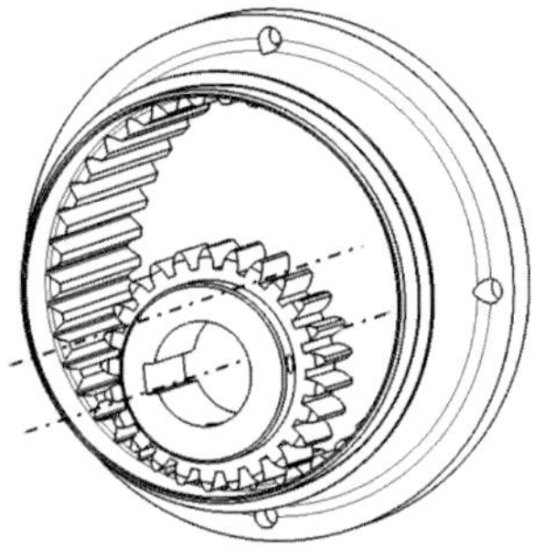</td><td>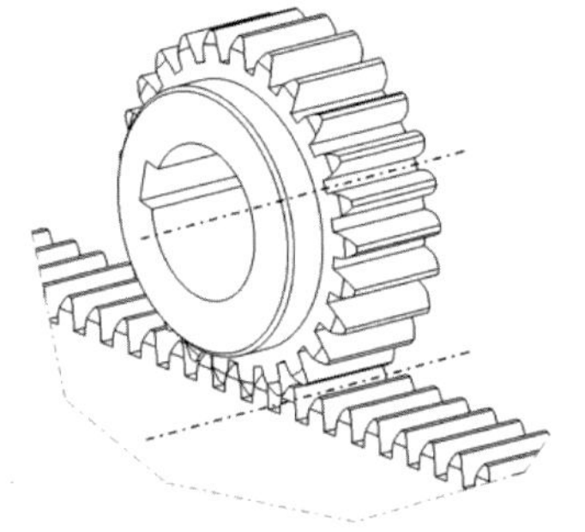</td></tr>
<tr><td>(c) 내접기어</td><td>(d) 랙과 피니언</td></tr>
<tr><td>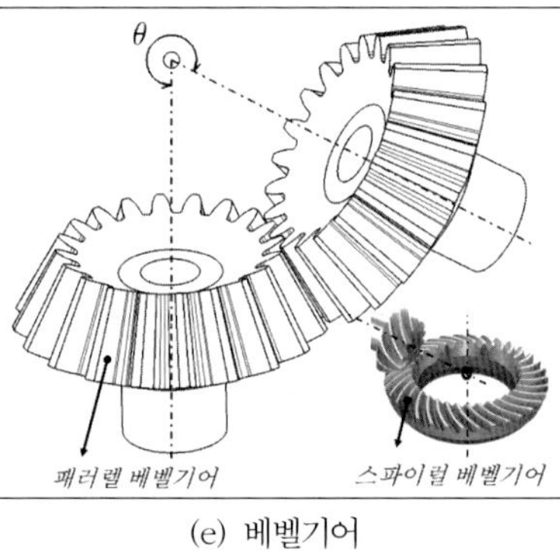
</td><td></td></tr>
<tr><td>(e) 베벨기어</td><td>(f) 나사기어 (Crossed spiral gear)</td></tr>
<tr><td>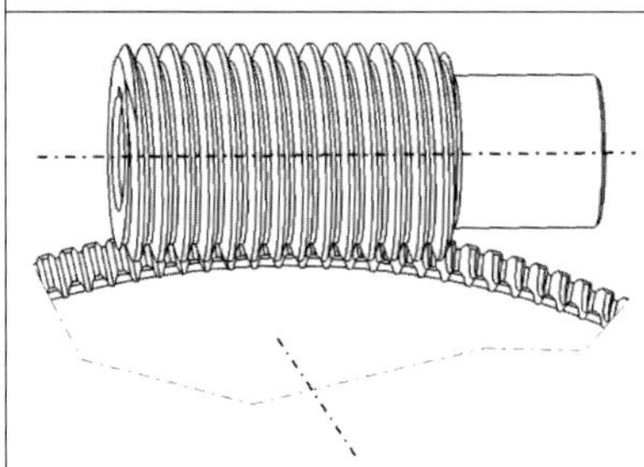</td><td>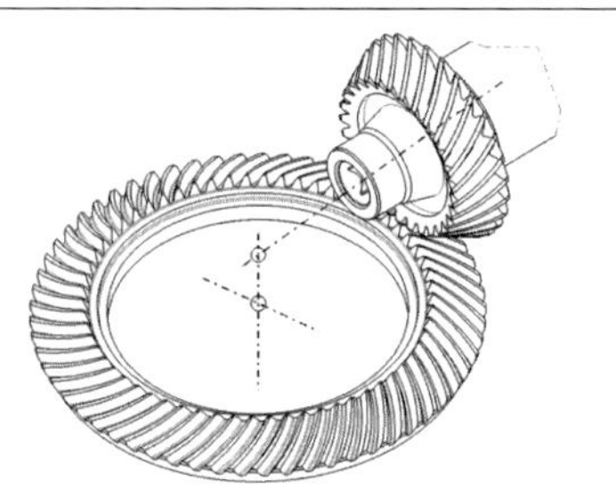</td></tr>
<tr><td>(g) 웜과 웜휠</td><td>(h) 하이포이드기어</td></tr>
</table>

</td></tr>
</table>

Q1) 맞물린 한 쌍의 인벌류트 기어에서 피치원의 공통 접선과 맞물리는 부위에 힘이 작용하는 작용선이 이루는 각도를 무엇이라고 하는가?

① 중심각 ② 접선각

③ 전위각 ❹ 압력각

Q2) 기어 절삭에서 언더컷을 방지하기 위한 방법으로 옳은 것은?

① 기어의 이 높이를 낮게, 압력각은 작게 한다.

❷ 기어의 이 높이를 낮게, 압력각은 크게 한다.

③ 기어의 이 높이를 높게, 압력각은 작게 한다.

④ 기어의 이 높이를 높게, 압력각은 크게 한다.

Q3) 기어 감속기에서 소음이 심하여 분해해 보니 이뿌리 부분이 깎여 있음을 발견하였다. 이것을 방지하기 위한 대책으로 틀린 것은?

❶ 압력각이 작은 기어로 교체한다.

② 깎이는 부분의 치형을 수정한다.

③ 이끝을 깎아 이의 높이를 줄인다.

④ 전위기어를 만들어 교체한다.

Q4). 기어의 피치원 지름이 무한대로 회전운동을 직선운동으로 바꿀 때 사용하는 기어는?

① 베벨기어 ② 헬리컬기어

❸ 래크와 피니언 ④ 웜기어

Q5) 다른 기어 장치와 비교하여 웜기어 장치의 특징에 대한 설명으로 옳지 않은 것은?

① 소음과 진동이 적다.

② 큰 감속비를 얻을 수 있다.

❸ 미끄럼이 적고 효율이 높다.

④ 역회전을 방지할 수 있다.

2) 기어 설계

(1) 기어열 (Gear train)과 속도비 (감속비, 기어비, 잇수비)

$$속도비,\ i = \frac{Z_A(주)}{Z_B(종)} = \frac{D_A(주)}{D_B(종)} = \frac{N_B(종)}{N_A(주)}$$

Z_A : 주동차(원동차)의 잇수, D_A : 주동차의 피치원 직경, N_A : 주동차의 회전수
Z_B : 종동차(피동차)의 잇수, D_B : 종동차의 피치원 직경, N_B : 종동차의 회전수
* 마찰차나 벨트풀리의 경우도 동일한 식으로 직경비를 적용함.

$$기어열의\ 축간거리,\ C = \frac{D_A + D_B}{2}$$

Q1) 웜을 구동축으로 할 때 웜의 줄 수를 3, 웜 휠의 잇수를 60이라고 하면 이 웜기어 장치의 감속 비율은?

① 1/10　　❷ 1/20
③ 1/30　　④ 1/60.

A1) $i = \frac{Z_A}{Z_B} = \frac{3}{60} = \frac{1}{20}$

Q2) 그림과 같은 기어 트레인에서 기어 A, B, C의 잇수를 각각 32, 15, 64라 하고 A 기어의 회전수가 1600rpm이라면 C 기어의 회전수는 약 몇 rpm인가?

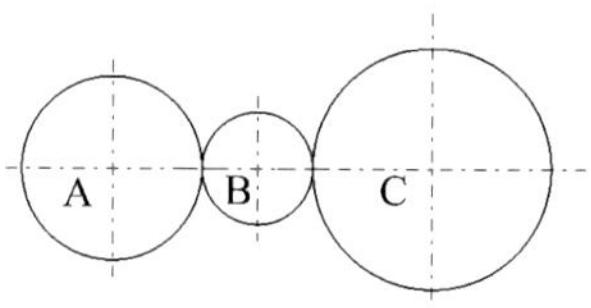

❶ 800　② 1600　③ 2400　④ 3200

A2) $Z_A = 32$
$Z_B = 15$
$Z_C = 64$
$N_A = 1600rpm$
$N_C = ?\ rpm$

$i = \frac{Z_A}{Z_C} = \frac{N_C}{N_A}$, $\frac{32}{64} = \frac{1}{2} = \frac{N_C}{1600}$, $N_C = 800rpm$

Q3) 그림과 같은 기어열에서 각각의 잇수가 Z_A는 16, Z_B는 60, Z_C는 12, Z_D는 64인 경우 A 기어가 있는 I축이 1500rpm으로 회전할 때, D 기어가 있는 III축의 회전수는 얼마인가?

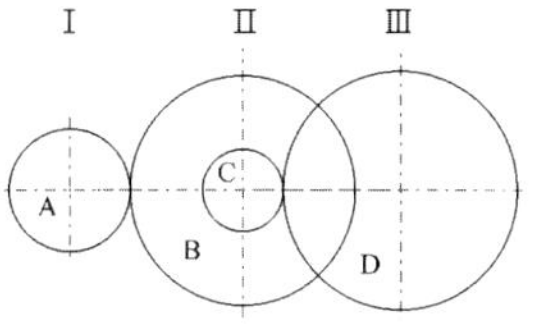

① 56rpm ② 60rpm ❸ 75rpm ④ 85rpm

A3) $Z_A = 16$
$Z_B = 60$
$Z_C = 12$
$Z_D = 64$
$N_A = 1500rpm$
$N_D = ?\,rpm$

$$i = \frac{Z_A}{Z_B} \times \frac{Z_C}{Z_D} = \frac{N_D}{N_A}$$

$$= \frac{16}{60} \times \frac{12}{64} = \frac{1}{20} = \frac{N_D}{N_A} = \frac{N_D}{1500},\ N_D = 75rpm$$

Q4) 그림에서 기어 A의 잇수 Z_A=30, 기어 B의 잇수 Z_B=20이라 할 때 A를 고정하고 암 H를 시계 방향 (+)으로 2회전 시킬 때 B는 약 몇 회전하는가? (단, 시계 방향을 +, 반시계 방향을 -로 한다.)

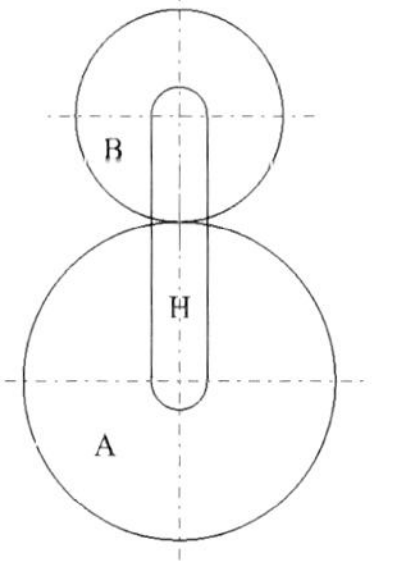

① +1.3 ② -3 ③ -1.3 ❹ +3

A4) $Z_A = 30$
$Z_B = 20$
$N_A = 2rev$
$N_B = ?rev$

$$i = \frac{Z_A}{Z_B} = \frac{N_B}{N_A},$$

$$\frac{30}{20} = \frac{N_B}{2},\quad N_B = 3(+)rev$$

Q5) 그림에서 기어 A의 잇수 Z_A=70, 기어 B의 잇수 Z_B=35이라 할 때 A를 고정하고 암 H를 기계 방향 (+)으로 2회전 시킬 때 B는 약 몇 회전하는가? (단, 시계 방향을 +, 반시계 방향을 -로 한다.)

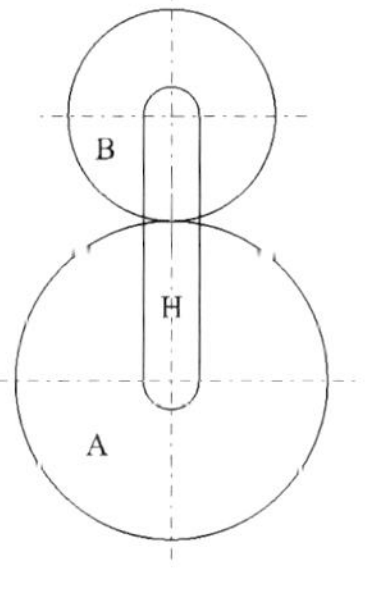

① +2 ❷ +4 ③ -2 ④ -4

A5) $Z_A = 70$
$Z_B = 35$
$N_A = 2rev$
$N_B = ?rev$

$$i = \frac{Z_A}{Z_B} = \frac{N_B}{N_A},$$

$$\frac{70}{35} = \frac{N_B}{2},\quad N_B = 4\ (+)rev$$

Q6) 속도비 3:1, 모듈 3, 피니언(작은 기어)의 잇수 30인 한 쌍의 표준 스퍼기어의 축간 거리는 몇 mm 인가?

① 60 ② 100

③ 140 ❹ 180

A6) $i=3$, $M=3$, $Z_A=30$, $C=?$

$$i=\frac{Z_A}{Z_B},\ 3=\frac{Z_A}{30},\ Z_A=90$$
$$D_A=MZ_A=3\times 90=270mm$$
$$D_B=MZ_B=3\times 30=90mm$$

$$C=\frac{Z_A+Z_B}{2}=180mm$$

Q7) 축간 거리 55cm인 평행한 두 축 사이에 회전을 전달하는 한 쌍의 스퍼기어에서 피니언이 124회전 할 때, 기어를 96회전 시키려면 피니언의 피치원 지름은?

❶ 48cm ② 62cm

③ 96cm ④ 124cm

A7) $C=55cm$, $N_A=124$, $N_B=96$, $D_A=?$

$$i=\frac{Z_A}{Z_B}=\frac{D_A}{D_B}=\frac{N_B}{N_A}=\frac{96}{124}=0.774$$
$$D_A=0.774D_B$$
$$C=\frac{0.774D_B+D_B}{2}=\frac{1.774D_B}{2}=55cm$$
$$D_B=\frac{2\times 55}{1.774}=62cm$$
$$D_A=0.774D_B=0.774\times 62=48cm$$

Q8) 작은 기어의 잇수가 50, 비틀림각이 20°인 헬리컬 기어의 상당평기어의 잇수는 약 몇 개인가?

① 40 ② 50

❸ 60 ④ 70

Q9) 헬리컬 기어에서 잇수가 50, 비틀림각이 20°일 경우 상당평기어 잇수는 약 몇 개인가?

① 40 ② 50

❸ 60 ④ 70

(2) 선반 변환 기어 잇수

$$\text{속도비, } i = \frac{Z_L(\text{주})}{Z_S(\text{종})} = \frac{p_L(\text{주})}{p_S(\text{종})}$$

$$i = \frac{\text{리드스크류 변환기어 잇수(주)}}{\text{주축 변환기어 잇수(종)}} = \frac{\text{리드스크류 피치(주)}}{\text{일감(주축)의 피치(종)}}$$

Z_L : 리드스크류 변환기어 잇수(주) 문제에서 주로 B기어로 표현

Z_S : 주축(spindle) 변환기어 잇수(종), 문제에서 주로 A기어로 표현

p_L : 리드스크류 피치(주)

p_S : 주축(spindle)에 물린 일감의 피치(종)

Q1) 1인치에 4산의 리드스크류를 가진 선반으로 피치 4mm의 나사를 깎고자 할 때, 변환 기어 잇수를 구하면? (단, A는 주축 기어의 잇수, B는 리드스크류의 잇수이다.)

① A:80, B:137 ② A:120, B:127 ③ A:40, B:127 ❹ A:80, B:127

A1) $p_L = \frac{25.4}{4} = 6.35mm$

$p_S = 4mm$

$Z_L(B),\ Z_S(A) = ?$

$$i = \frac{B}{A} = \frac{Z_L}{Z_S} = \frac{P_L}{p_S} = \frac{6.35}{4} = \frac{6.35 \times 20}{4 \times 20} = \frac{127}{80}$$

Q2) 리드 스크류가 1인치당 6산의 선반으로 1인치에 대하여 $5\frac{1}{2}$ 산의 나사를 깎으려고 할 때, 변환기어 값은? (단, 주동축 기어 : A, 종동축 기어 : C이다.)

① A: 127, C:110 ② A: 130, C 110

③ A: 110, C 127 ❹ A: 120, C 110

A2) $p_L = \frac{25.4}{6} = 4.23mm$

$p_S = \frac{25.4}{5.5} = 4.62mm$

$Z_L(C),\ Z_S(A) = ?$

$$i = \frac{C}{A} = \frac{Z_L}{Z_S} = \frac{p_L}{p_S} = \frac{4.23}{4.62} = \frac{4.23 \times 26}{4.62 \times 26} = \frac{110}{120}$$

2
기계요소 설계

(3) 모듈 관련 공식

$$D = M \cdot Z, \quad OD = M(Z+2), \qquad p_c = \frac{\pi D}{Z} = \pi M, \quad p_d = \frac{1}{M}(\text{inch}) = \frac{1}{M} \times 25.4(\text{mm})$$

M : 모듈, Z : 잇수

D (=PCD) : 피치원 지름 (Pitch Circle Diameter), OD : 소재 지름 (Out Diameter)

p_c : 원주피치 (Pitch of circular), p_d : 지름(직경)피치 (Pitch of diameter)

Q1) 표준 스퍼 기어에서 피치원 지름(D)을 구하는 공식은? (단, m은 모듈, Z는 잇수이다.)

❶ $D = mZ$

② $D = \frac{m}{Z}$

③ $D = m(Z+2)$

④ $D = \frac{2+Z}{m}$

Q2) 모듈 2, 피치원 지름 60mm인 스퍼 기어의 잇수는?

❶ 30개 ② 40개 ③ 50개 ④ 60개

A2) $M = 2$
$D = 60mm$
$Z = ?$

$D = M \cdot Z$
$60 = 20 \cdot Z$
$Z = 30$

Q3) 바깥지름 d=104mm, 잇수 z=50인 표준 스퍼기어의 모듈은 얼마인가?

① 5 ❷ 2 ③ 3 ④ 4

A3) $OD = 104mm$
$Z = 50$
$M = ?$

$OD = M(Z+2) = 104 = M(50+2)$
$M \cdot 52 = 104$
$M = 2$

Q4) 기어의 피치원의 지름을 D, 원주피치를 P라면 기어의 잇수(Z)를 구하는 공식은?

① $\frac{P}{\pi D}$

② $\frac{\pi P}{D}$

③ $\frac{D}{\pi P}$

❹ $\frac{\pi D}{P}$

Q5) 다음 중 기어에서 이의 크기를 나타내는 방법이 아닌 것은?

❶ 피치원지름 ② 원주피치

③ 모듈 ④ 지름피치

Q6) 표준 평기어를 측정하였더니 잇수 Z = 54개, 바깥지름 OD = 280mm이었다. 모듈 m, 원주피치 p, 피치원지름 D는 각각 얼마인가?

❶ m = 5, p = 15.7mm, D = 270mm

② m = 7, p = 31.4mm, D = 270mm

③ m = 5, p = 15.7mm, D = 350mm

④ m = 7, p = 31.4mm, D = 350mm

(4) 기어 역학

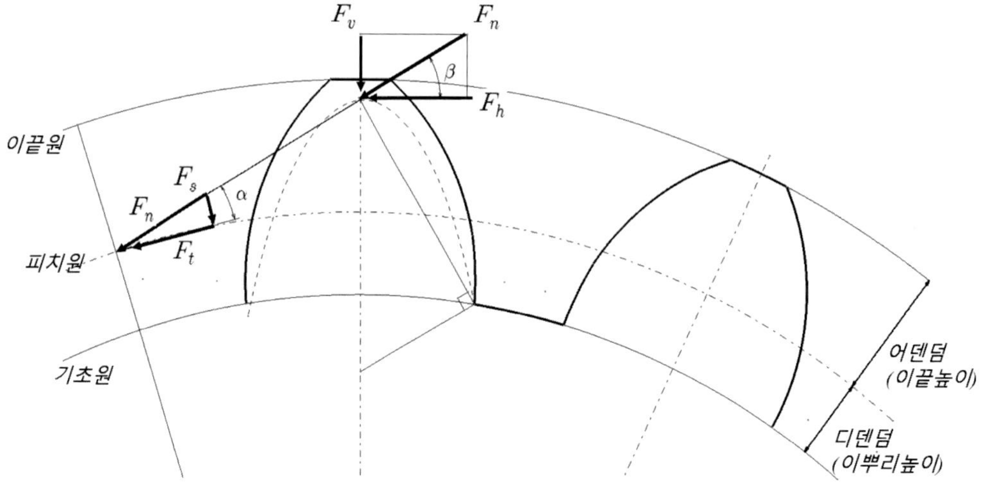

$$F_t = F_n \cos\alpha \quad (1)$$

$$F_s = F_t \tan\alpha \quad (2)$$

$$\sigma_b = \frac{F_t}{MbYf_vf_w} \quad (3)$$

F_t : 피치원상의 접선력

F_n : 치면에 작용하는 총하중

F_s: 축방향으로 작용하는 하중

F_v : 수직 방향 하중

F_h : 수평 방향하중

σ_b: 치면에서의 굽힘응력

α: 압력각

β: F_n과 F_h가 이루는 각

M: 모듈

b: 기어의 치폭

Y: 치형계수

f_v : 속도계수

f_w: 하중계수(충격계수)

속도계수, f_v	
주조기어	$f_v = \frac{3.05}{3.05+v}$
밀링절삭	$f_v = \frac{6.1}{6.1+v}$
호빙기어	$f_v = \frac{3.56}{3.56+\sqrt{v}}$
연삭기어	$f_v = \sqrt{\frac{5.56}{5.56+\sqrt{v}}}$

모터나 터빈의 하중계수, f_w (AGMA)	
일정 하중	1
중간 충격	0.8
심한 충격	0.57
버킹햄 하중계수 (비교적 정숙한 하중)	0.8

3) 마찰차 이론

두 축 사이의 거리가 비교적 짧을 때 구름 마찰을 이용하여 회전력(동력)을 전달하는 바퀴를 마찰차(Friction wheel)라고 한다.

① 마찰차의 종류

- 두축이 평행 : 원통, 홈 마찰차
- 두축이 임의 각도로 만남 : 원추 마찰차
- 무단 변속 마찰차 : 원판, 원추, 구면 등을 이용하는 마찰차 (에반스, 크라운, 구면 마찰차)

② 마찰차의 사용 범위

- 힘이 작고 속도비가 중요하지 않을 때 사용
- 양축 사이를 빈번히 단속할 때
- 무단변속 가능 (V홈 마찰차 : 무단변속 불가)
- 고속이어서 기어전동이 불가능할 때 사용

Q1) 다음 중 동력전달장치로서 운전이 조용하고, 무단변속을 할 수 있으나 일정한 속도비를 얻기 힘든 것은?

❶ 마찰차 ② 기어 ③ 체인 ④ 플라이 휠

4) 마찰차 설계

$F = \mu Q$

F : 접선력(kg_f),
Q : 마찰차끼리 밀어붙이는 힘(kg_f),
μ = 마찰계수

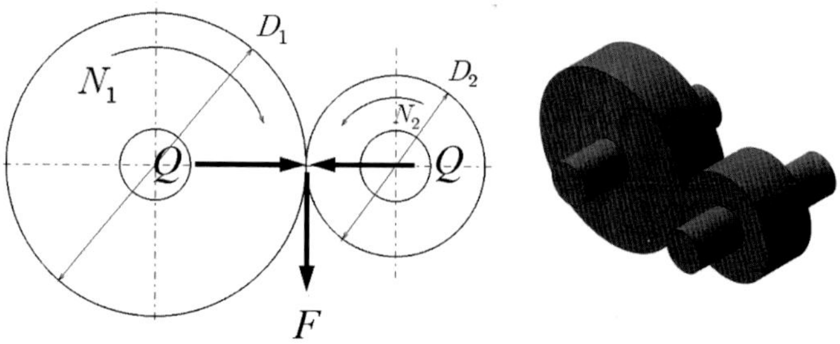

〈마찰차에 작용하는 힘〉

Q1) 외접 원통 마찰차에서 원동차의 지름 200mm, 회전수 1000rpm으로 회전할 때, 2.21kW의 동력을 전달하려면 약 몇 N의 힘으로 밀어붙어야 하는가? (단, 마찰계수는 0.2로 한다.)

❶ 1055.20　② 708.86　③ 2110.50　④ 1417.72

A1) $d = 200mm$
$N = 1000rpm$
$H_{kw} = 2.21kW$
$\mu = 0.2$

$$H_{kw} = \frac{F \cdot v}{102 \cdot 60},\ v = \frac{\pi \cdot d \cdot N}{1000} = \frac{\pi \times 200 \times 1000}{1000} = 628\, m/s$$

$$\text{접선력},\ F = \frac{H_{kw} \cdot 102 \cdot 60}{v} = \frac{2.21 \times 102 \times 60}{628} = 21.53\, kg_f$$

$$F = \mu Q,\ \text{밀어붙이는 힘},\ Q = \frac{F}{\mu} = \frac{21.53}{0.2} = 107.68 kg_f = 1055.3N$$

Q2) 직경 500mm인 마찰차가 350rpm의 회전수로 동력을 전달한다. 이때 바퀴를 밀어붙이는 힘이 1.96kN일 때 몇 kW의 동력을 전달할 수 있는가? (단, 접촉부 마찰계수는 0.35로 하고, 미끄럼은 없다고 가정한다.)

① 4.5　② 5.1　③ 5.7　❹ 6.3

A2) $D = 500mm$
$N = 350rpm$
$Q = 1.96KN$
$= 1960N = 200kg_f$
$H_{kw} = ?kW$
$\mu = 0.35$

$$H_{kw} = \frac{F \cdot v}{102 \cdot 60} \rightarrow \quad v = \frac{\pi DN}{1000} = \frac{\pi \cdot 500 \cdot 350}{1000} = 549.8$$

$$= \frac{F \cdot 549.8}{102 \cdot 60} \rightarrow \quad F = \mu \cdot Q = 0.35 \cdot 200 = 70$$

$$= \frac{70 \cdot 549.8}{102 \cdot 60} = 6.3kW$$

5) 간접 전동용 기계요소 이론 (벨트, 체인, 로프)

간접 전동용 기계요소는 원동축과 종동축의 사이가 비교적 길 때 동력을 전달하는 것으로 벨트와 벨트 풀리, 체인과 스프로킷, 로프와 도르레 등이 있다.

- 타이밍벨트 : 타이밍벨트는 정확한 회전비를 가지며 미끄럼 없고 축간 거리가 짧은 장소에도 사용이 가능하다.
- V-벨트 : 십자걸이가 불가능하나 정숙한 운전이 가능하고 미끄럼이 없으며 평벨트에 비해 짧은 거리를 주로 운전한다. (축간 거리 조정 불가)
- 체인 : 장갑차, 자전거 등 미끄럼 없이 속도비가 정확하며 체인의 탄성으로 충격 흡수 효과가 있으나 고속 회전에는 부적합하고 진동과 소음이 심하다.
- 로프 : 벨트 전동에 비해 미끄럼이 적고 엘리베이터나 크레인, 호이스트 등 큰 동력 전달에 유리하며 전동 경로가 직선이 아닌 경우에도 사용이 가능하다. 미끄럼은 적은 반면 정확한 속도비의 전동이 불확실하고 벨트와 같이 자유로운 탈·부착이 쉽지 않다.

(a) 신박 디젤엔진 벨트 전동

(b) 르클레르 탱크 체인 구동

(c) 크레인 로프 전동

〈간접 전동용 기계요소〉

2 기계요소 설계

Q1) 다음 중 V벨트 전동장치에서 사용하는 벨트의 단면각은?

① 34° ② 36° ③ 38° ❹ 40°

Q2) V벨트의 사다리꼴 단면의 각도(θ)는 몇 도인가?

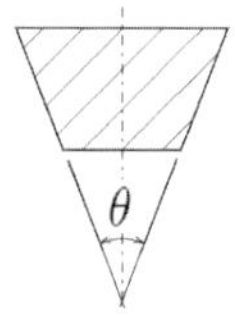

① 30° ② 35°

❸ 40° ④ 45°

Q3) 일반 산업용으로 사용되는 V벨트의 각도는 몇 °인가?

❶ 40° ② 42° ③ 44° ④ 60°

Q4) 평벨트 전동장치와 비교하여 V벨트 전동장치에 대한 설명으로 옳지 않은 것은?

① 접촉 면적이 넓으므로 비교적 큰 동력을 전달한다.

❷ 장력이 커서 베어링에 걸리는 하중이 큰 편이다.

③ 미끄럼이 작고 속도비가 크다.

④ 바로걸기로만 사용이 가능하다.

Q5) 평벨트와 비교하여 V벨트 전동장치가 가진 특징으로 옳지 않은 것은?

① 접촉 면적이 넓으므로 큰 동력을 전달할 수 있다.

② 미끄럼이 적고 속도비를 크게 할 수 있다.

③ 운전이 조용하고 충격 흡수 능력이 크다.

❹ 바로걸기와 엇걸기를 모두 적용할 수 있다.

Q6) 평벨트 전동장치와 비교하여 V-벨트 전동장치에 대한 설명으로 옳지 않은 것은?

① 접촉 면적이 넓으므로 비교적 큰 동력을 전달한다.

❷ 장력이 커서 베어링에 걸리는 하중이 큰 편이다.

③ 미끄럼이 작고 속도비가 크다.

④ 바로걸기로만 사용이 가능하다.

Q7) 평벨트와 비교하여 V벨트의 특징으로 틀린 것은?

① 전동 효율이 좋다. ② 고속운전이 가능하다.

③ 정숙한 운전이 가능하다. ❹ 축간 거리를 더 멀리할 수 있다.

Q8) 미끄럼을 방지하기 위하여 접촉면에 치형을 붙여 맞물림에 의하여 전동하도록 조합한 벨트는?

① 평벨트
② V벨트
③ 가는너비 V벨트
❹ 타이밍벨트

Q9) 다음 중 정숙하고 원활한 운전을 하고, 특히 고속 회전이 필요할 때 적합한 체인은?

❶ 사일런트 체인(Silent chain)
② 코일 체인(Coil chain)
③ 롤러 체인(Roller Chain)
④ 블록 체인(Block Chain)

6) 간접 전동용 기계요소 설계

(1) 벨트의 유효 장력

$$\text{유효 장력}(T_e) = \text{긴장측 장력}(T_t) - \text{이완측 장력}(T_s)$$

$$\text{장력비}(e^{\mu\theta}) = \frac{T_t}{T_s}$$

Q1) 평벨트 전동장치에서 벨트의 긴장측 장력이 500N, 허용인장응력이 2.5N/mm^{2}일 때, 벨트의 너비(폭)는 최소 몇 mm 이상이어야 하는가? (단, 벨트의 두께는 2mm, 이음 효율은 80%이다.)

① 75 ② 100 ❸ 125 ④ 150

A1) $T_t = 500N$
$\sigma = 2.5N/mm^2$
$b = ?mm$
$t = 2mm$
$\eta = 80\% = 0.8$

$$\sigma = \frac{F}{A} = \frac{F}{b \cdot t}$$

$$b = \frac{F}{t \cdot \sigma \cdot \eta} = \frac{500}{2 \times 2.5 \times 0.8} = 125mm$$

Q2) 풀리의 지름이 250mm, 회전수가 1400rpm으로 5kW의 동력을 전달할 때 벨트의 유효장력은 약 몇 N인가? (단, 원심력과 마찰은 무시한다.)

① 24 ② 93 ③ 239 ❹ 273

A2) $D = 250mm$
$N = 1400rpm$
$H_{KW} = 5$
$T_e = ?N$

$$H_{KW} = \frac{F \cdot v}{102 \cdot 60}, \quad v = \frac{\pi DN}{1000} = \frac{\pi \times 250 \times 1400}{1000} = 1099.56$$

$$= \frac{F \times 1099.56}{102 \times 60}$$

$$F = T_e = \frac{102 \times 60 \times 5}{1099.56} = 27.831(kgf) = 273(N)$$

Q3) 8m/s의 속도로 15kW의 동력을 전달하는 평벨트의 이완측 장력(N)은? (단, 긴장측의 장력은 이완측 장력의 3배이고, 원심력은 무시한다.)

❶ 938 ② 1471 ③ 1961 ④ 2942

A3) $v = 8m/s = 8m/\frac{1}{60}min$

$= 480m/\min$

$H_{kw} = 15_{kw}$

$T_S = ?$

$T_t = 3T_S$

$H_{kw} = \frac{F \cdot v}{102 \cdot 60}$, $F = \frac{102 \times 60 \times 15}{480} = 191.25(kg_f)$

$T_e = F = T_t - T_S$

$= 3T_S - T_S = 2T_S = 191.25$

$T_s = \frac{191.25}{2} = 95.63(kgf) = 937(N)$

Q4) 원주 속도 5m/s로 2.2kW의 동력을 전달하는 평벨트 전동장치에서 긴장측 장력은 약 몇 N인가? (단, 벨트의 장력비($e^{\mu\theta}$)는 2이다.)

① 450 ② 660 ③ 750 ❹ 880

A4) $v = 5m/s = 5m/\frac{1}{60}min$

$= 300m/\min$

$H_{kw} = 2.2kw$

$T_t = ?N$

장력비, $e^{\mu\theta} = \frac{T_t}{T_s} = 2$

$H_{KW} = \frac{F \cdot v}{102 \cdot 60}$

$F = \frac{102 \times 60 \times 2.2}{300} = 44.88(kgf)$

$= 439.8(N)$

$e^{u\theta} = 2 = \frac{T_t}{T_s}$, $T_t = 2T-s$

$T_e = T_t - T_s = 2T_s - T_s = T_s = 439.8(N)$

$\therefore T_t = 2T_s = 879.65(N)$

2 기계요소 설계

Q5) 회전 속도가 8m/s로 전동되는 평벨트 전동장치에서 가죽 벨트의 폭(b)×두께(t)=116mm×8mm인 경우, 최대전달동력은 약 몇 kW인가? (단, 벨트의 허용인장응력은 2.35MPa, 장력비($e^{u\theta}$)는 2.5이며, 원심력은 무시하고 벨트의 이음 효율은 100%이다.)

① 7.45 ❷ 10.47

③ 12.08 ④ 14.46

A5) $v = 8m/s = 8m/\frac{1}{60}min$

$= 480m/\min$

$b\times t = 116\times 8$

$H_{kw} = ?kW$

$\sigma_t = 2.35MPa$

장력비, $e^{\mu\theta} = \frac{T_t}{T_s} = 2.5$

$\sigma_t = \frac{T_t}{b \cdot t}$

$T_t = sigm_t \cdot b \cdot t$

$= 2.35\times 116 \cdot 8 = 2180.8N = 222.53kg_f$

$e^{u\theta} = 2.5 = \frac{T_t}{T_s}$, $T_s = \frac{T_t}{2.5} = \frac{222.53}{2.5} = 89kg_f$

$T_e = T_t - T_s = 222.53 - 89 = 133.52(kg_f)$

$H_{kw} = \frac{T_e \cdot v}{102 \cdot 60} = \frac{133.52\times 480}{102\times 60} = 10.47kW$

Q6) 주철제 V벨트 풀리의 홈 각도가 36°, 접촉부 마찰계수는 0.2라 할 때 유효마찰계수 μ'은?

① 0.887 ② 0.444

③ 0188 ❹ 0.401

Q7) 긴장측의 장력이 3800N, 이완측의 장력이 1850N일 때 전달동력은 약 몇 kW인가? (단, 벨트의 속도는 3.4m/s이다.)

① 2.3 ② 4.2 ③ 5.5 ❹ 6.6

(2) 체인 평균 속도

$$\text{체인 평균 속도, } v = \frac{p \cdot Z \cdot N}{1000}(m/\text{min})$$

p : 체인의 피치, Z : 체인의 잇수, N : 회전수(rpm)

Q1) 체인 피치가 15.875mm, 잇수 40, 회전수가 500rpm이면 체인의 평균 속도는 약 몇 m/s인가?

① 4.3 ❷ 5.3 ③ 6.3 ④ 7.3

A1) $p = 15.875mm$
$Z = 40$
$N = 500rpm$
$v = ?m/s$

$$v = \frac{p \cdot Z \cdot N}{1000} = \frac{15.875 \cdot 40 \cdot 500}{1000} = 317.5(m/\text{min})$$
$$= 5.3(m/s)$$

Q2) 체인 동력장치에서 스프로킷 휠의 피치가 15.875mm, 잇수가 30, 체인의 평균 속도가 4.8m/s라면, 스프로킷의 회전수는 약 몇 rpm인가?

① 300 ② 400 ③ 500 ❹ 600

A2) $p = 15.875m$
$Z = 30$
$v = 4.8m/s = 288m/\text{min}$
$N = ?rpm$

$$v = \frac{p \cdot Z \cdot N}{1000}, \quad N = \frac{1000 \cdot v}{p \cdot Z} = \frac{1000 \times 288}{15.875 \times 30}$$
$$= 604.72(rpm)$$

Q3) 잇수 32, 피치 12.7mm, 회전수 500rpm의 스프로킷 휠에 50번 롤러 체인을 사용하였을 경우 전달동력은 약 몇 kW인가? (단, 50번 롤러 체인의 파단하중은 22.10kN, 안전율은 15이다.)

① 7.8 ② 6.4 ③ 5.6 ❹ 5.0

A3) $p = 12.7mm$
$Z = 32$
$N = 500rpm$
$F = 22.1kN = 22100N$
$= 2255kg_f$
$S = 15$

$$v = \frac{p \cdot Z \cdot N}{1000} = \frac{12.7 \times 32 \times 500}{1000} = 203.2m/\text{min}$$
$$S = \frac{F_f}{F_a}, \quad F_a = \frac{F_f}{S} = \frac{2255}{15} = 150.34kg_f$$
$$H_{kw} = \frac{F \cdot v}{102 \cdot 60} = \frac{150.34 \times 203.2}{102 \times 60} = 4.99kW$$

Q4) 잇수가 20개인 스프로킷 휠이 롤러 체인을 통해 8kW의 동력을 받고 있다. 이 스프로킷 휠의 회전수는 약 몇 rpm인가? (단, 파단하중은 22.1kN, 안전율은 15, 피치는 15.88mm이며, 부하 보정계수는 고려하지 않는다.)

① 505　　❷ 1026　　③ 1650　　④ 1868

A4) $Z=20$
$H_{kw}=8kW$
$N=?rpm$
$F=22.1kN=22100N$
$=2255.8kg_f$
$S=15$
$p=15.588mm$

$$H_{kw}=\frac{F\cdot v}{102\cdot 60},\quad v=\frac{102\cdot 60\cdot 8}{2255.8}=21.7(m/\min)$$

$$D=\frac{p\cdot Z}{\pi}=\frac{15.88\cdot 20}{\pi}=101.1$$

$$N=\frac{1000\cdot v\cdot S}{\pi\cdot D}=\frac{1000\times 21.7\times 15}{\pi\times 101.1}=1025.3$$

2.4 축계 기계요소(축, 커플링, 베어링)

1) 축 이론

베어링에 의해 지지되며 주로 회전력을 전달하는 기계요소이다.

(1) 축의 분류

① 작용 하중에 의한 분류

- 차축(Axle shaft) : 자동차나 철도차량에서 차륜에 동력을 전달하는 축, 주로 굽힘 하중을 받음.
- 전동축(Transmission shaft) : 동력전달장치에서 모터의 회전력을 전달하는 축, 굽힘 하중과 비틀림 하중을 동시에 받음.
- 스핀들(Spindle) : 길이가 짧은 회전축으로 공작기계의 주축이나 터빈축에 사용하는 축, 주로 비틀림 하중을 받지만 굽힘 하중도 받음.

② 형상에 의한 분류

- 직선축 : 직선 형상의 동력 전달용 축
- 크랭크축 : 편심 형상의 축으로 증기기관이나 내연기관에서 피스톤의 왕복운동을 회전운동으로 변환하는 축
- 플렉시블축(유연축) : 자유로운 형상의 축으로 고정되지 않은 두 개의 다른 물체 사이에 동력을 전달하는 축

① 차축

② 전동축

③ 스핀들

(a) 작용 하중에 의한 분류

① 직선축

② 크랭크축

③ 플렉시블축

(b) 형상에 의한 분류

〈축의 분류〉

(2) 축을 설계할 때 고려할 사항

: 진동, 열응력, 강도 및 변형

Q1) 축을 형상에 따라 분류할 때 해당되지 않는 것은?

① 크랭크축 ❷ 차축

③ 직선축 ④ 유연성축

Q2) 전동축에 큰 휨(deflection)을 주어서 축의 방향을 자유롭게 바꾸거나 충격을 완화시키기 위해 사용하는 축은?

① 직선축 ② 크랭크축 ❸ 플렉시블축 ④ 중공축

Q3) 축의 지름에 비하여 길이가 짧은 축을 말하며, 비틀림과 굽힘을 동시에 받는 축으로 공작기계의 주축 및 터빈 축 등에 사용하는 것은?

① 차축(axle shaft) ② 전동축(transmission shaft)

❸ 스핀들(spindle) ④ 유연성축(flexible shaft)

Q4) 공작기계의 주축 등에 사용하며 주로 비틀림을 받는 축으로 형상과 치수가 정밀하고 변형이 적으며 축의 지름에 비해 길이가 짧은 축을 의미하는 것은?

❶ 스핀들 ② 유니버설 조인트

③ 전동축 ④ 플렉시블축

2) 축 설계

(1) 토크 1번식

- 회전체에서 힘과 지름이 주어졌을 때 비틀림 모멘트(Torque), $T = F \cdot \frac{d}{2}$
- $cf.$ 힘과 팔길이가 주어졌을 때 굽힘 모멘트, $M = F \cdot l$
- 전단응력과 키의 제원이 주어졌을 때, $\tau = \frac{F}{A}$, $F = \tau \cdot A = \tau \cdot b \cdot l$
- 압축응력과 키의 제원이 주어졌을 때, $\sigma = \frac{F}{A}$, $F = \sigma \cdot A = \sigma \cdot \frac{h}{2} \cdot l$

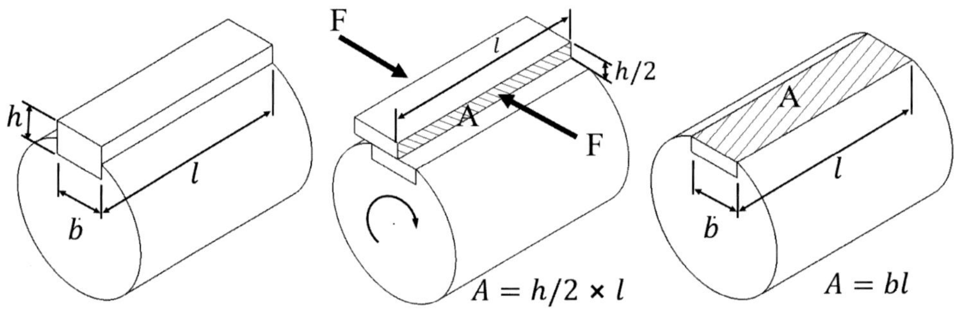

(a) 성크키 (b) 압축 하중을 받는 단면적 (c) 전단 하중을 받는 단면적

〈키에 작용하는 하중과 단면적〉

(2) 토크 2번식

- 동력으로 주어질 때, $T = 974000 \frac{H_{KW}}{N} (kg_f \cdot mm)$
- 마력으로 주어질 때, $T = 716200 \frac{H_{PS}}{N} (kg_f \cdot mm)$

* 동력과 회전수가 주어졌을 때 사용, 동력이 주어지면 반드시 힘과 전단응력은 kg_f로 변환함. (1번식과 3번식에서는 단위 통일만 함)

(3) 토크 3번식

전단응력과 지름이 주어졌을 때, $T = \tau \cdot Z_p = \tau \cdot \frac{\pi d^3}{16}$

인장응력과 지름이 주어졌을 때, $M = \sigma \cdot Z = \sigma \cdot \frac{\pi d^3}{32}$

F : 힘(kg_f), τ : 전단응력 (kg_f/mm^2),

T : 토크 ($kg_f \cdot mm$), M : 모멘트($kg_f \cdot mm$),

H : 동력(kW or ps),

b : 키의 너비 (mm), l : 키의 길이 (mm), d : 지름 (mm)

Z_p : 극단면계수 $= \frac{\pi d^3}{16}$, Z : 단면계수 $= \frac{\pi d^3}{32}$

2 기계요소 설계

Q1) 다음 중 에너지의 단위로 사용되는 것은?

① W ❷ J

③ N ④ Pa

Q2) 942$N \cdot m$의 토크를 전달하는 지름 50mm인 축에 사용할 묻힘 키 (폭×높이 = 12mm×8mm)의 길이는 최소 몇 mm 이상이어야 하는가? (단, 키의 허용전단응력은 78.48N/mm^2 이다.)

① 30 ❷ 40 ③ 50 ④ 60

A2) $T = 942N \cdot m = 942000N \cdot mm$
$d = 50mm$
$b = 12mm, \quad t = 8mm$
$l = ?mm$
$\tau = 78.48N/mm^2$

$$F = \tau \cdot b \cdot l$$
$$T = F \cdot \frac{D}{2}$$
$$F = \frac{2T}{D} = \frac{2 \times 942000}{50} = 37680$$
$$l = \frac{F}{\tau \cdot b} = \frac{37680}{78.48 \times 12} = 40mm$$

Q3) 950$N \cdot m$의 토크를 전달하는 지름 50mm인 축에 안전하게 사용할 키의 최소 길이는 약 몇 mm인가? (단, 묻힘 키의 폭과 높이는 모두 8mm이고, 키의 허용 전단응력은 80N/mm^{2}이다.)

① 45 ② 50 ③ 65 ❹ 60

A3) $T = 950N \cdot m = 950000N \cdot mm$
$d = 50mm$
$l = ?mm$
$b = 8mm$
$\tau = 80N/mm^2$

$$F = \tau \cdot b \cdot l$$
$$T = F \times \frac{D}{2}$$
$$F = \frac{2T}{D} = \frac{2 \times 950000}{50} = 38000$$
$$l = \frac{F}{\tau b} = \frac{38000}{80 \times 8} = 59.375mm$$

Q4) 96000$N \cdot cm$의 토크를 전달하는 지름이 50mm인 축에 풀리를 연결하기 위해 묻힘 키 (폭×높이 =12mm×8mm)를 적용하려고 할 때, 묻힘 키의 길이는 약 몇 mm 이상이어야 하는가? (단, 키의 전단강도만으로 계산하고, 키의 허용전단응력은 8000N/cm^{2}이다.)

❶ 40 ② 50 ③ 60 ④ 70

A4) $T = 96000N \cdot cm$
$d = 50mm = 5cm$
$b = 12mm = 1.2cm$
$l = ?mm$
$\tau = 8000N/cm^2$

$$F = \tau \cdot b \cdot l$$
$$T = F \times \frac{D}{2}$$
$$F = \frac{2T}{D} = \frac{2 \times 96000}{5} = 38400$$
$$l = \frac{F}{\tau b} = \frac{38400}{8000 \times 1.2} = 4cm = 40mm$$

Q5) 지름 50mm의 연강축을 사용하여 350rpm으로 40kW를 전달할 수 있는 묻힘 키의 길이는 몇 mm 이상인가? (단, 키의 허용전단응력은 49.05MPa, 키의 폭과 높이는 $b \times h$ =15mm×10mm이며, 전단저항만 고려한다.)

① 38 ② 46

❸ 60 ④ 78

Q6) 키 재료의 허용전단응력 60N/mm^2, 키의 폭×높이가 16mm×10mm인 성크키를 지름이 50mm인 축에 사용하여 250rpm으로 40KW를 전달시킬 때, 성크키의 길이는 몇 mm 이상이어야 하는가?

① 51 ❷ 64

③ 78 ④ 93

Q7) 260kN · mm의 토크를 받는 직경 60mm의 회전축에 사용하는 묻힘키의 폭×높이×길이는 18mm×12mm×100mm이다. 이때 키에 생기는 전단응력은?

① 6.1N/mm^2 ② 5.7N/mm^2

❸ 4.8N/mm^2 ④ 3.2N/mm^2

Q8) 회전수 1500rpm, 축의 직경 110mm인 묻힘키를 설계하려고 한다. 폭이 28mm, 높이가 18mm, 길이가 300mm일 때 묻힘키가 전달할 수 있는 최대 동력(kW)은? (단, 키의 허용전단응력 τ_a = 40MPa이며, 키의 허용전단력만을 고려한다.)

① 933 ② 1265

❸ 2903 ④ 3759

Q9) 지름 50mm인 축에 보스의 길이 50mm인 기어를 붙이려고 할 때 250$N \cdot m$의 토크가 작용한다. 키에 발생하는 압축 응력은 약 몇 MPa인가? (단, 키의 높이는 키홈 높이의 2배이며, 묻힘키의 폭과 높이는 $b \times h = 15mm \times 10mm$ = 이다.)

① 30 ❷ 40

③ 50 ④ 60

Q10) 묻힘 키(Sunk key)에 생기는 전단응력을 τ, 압축응력을 σ_c라고 할 때, $\frac{\tau}{\sigma_c} = \frac{1}{2}$이면 키 폭 b와 높이 h의 관계식으로 옳은 것은? (단, 키 홈의 높이는 키 높이의 1/2이다.)

❶ $b = h$ ② $h = \frac{b}{4}$

③ $b = \frac{h}{2}$ ④ $b = 2h$

Q11) 300rpm, 2.5kW의 동력을 전달시키는 축에 발생하는 비틀림 모멘트 약 몇 $N \cdot m$ 인가?

❶ 80 ② 60

③ 45 ④ 35

Q12) 300rpm으로 3.1kW의 동력을 전달하고, 축 재료의 허용전단응역은 20.6MPa인 중실축의 지름은 약 몇 mm 이상이어야 하는가?

① 20 ❷ 29

③ 36 ④ 45

A12) $N = 300rpm$
$H_{kw} = 3.1kW$
$\tau = 20.6N/mm^2 = 2.1kg_f/mm^2$
$d = ?mm$

$$T = 974000 \times \frac{H_{kw}}{N} = 10064.67$$

$$T = \tau \cdot \frac{\pi d^3}{16}$$

$$d^3 = \frac{16T}{\pi\tau},\ D = \sqrt[3]{\frac{16T}{\pi\tau}} = \sqrt[3]{\frac{16 \times 10064.67}{2.1\pi}} = 29mm$$

Q13) 4kN · m의 비틀림 모멘트를 받는 전동축의 지름은 약 몇 mm인가? (단, 축에 작용하는 전단 응력은 60MPa이다.)

❶ 70 ② 80

③ 90 ④ 100

A13) $T = 4kN \cdot m = 4000N \cdot m$
$= 4000000N \cdot mm$

$d = ?mm$
$\tau = 60N/mm^2$

$$T = \tau \cdot \frac{\pi d^3}{16}$$

$$d^3 = \frac{16T}{\tau\pi},\ d = \sqrt[3]{\frac{16T}{\tau\pi}} = \sqrt[3]{\frac{16 \cdot 4000000}{60\pi}}$$
$$= 69.76mm$$

Q14) 6000N · m의 비틀림 모멘트만을 받는 연강재 중실축의 지름은 몇 mm 이상이어야 하는가? (단, 축의 허용전단응력은 $30N/mm^2$로 한다.)

① 81 ② 91

❸ 101 ④ 111

Q15) 350rpm으로 15kW의 동력을 전달시키는 축의 지름은 약 몇 mm 이상이어야 하는가? (단, 축의 허용전단응력은 25MPa이다.)

① 35 ② 40

❸ 44 ④ 52

Q16) 전달동력 2.4kW, 회전수 1800 rpm을 전달하는 축의 지름은 약 몇 mm 이상으로 해야 하는가? (단, 축의 허용전단응력은 20MPa이다.)

① 20 ② 12

❸ 15 ④ 17

Q17) 지름 75mm의 축을 사용하여 250rpm으로 66kW의 동력을 전달시키는 축에 발생하는 전단응력은 약 몇 MPa인가?

❶ 30.43 ② 48.85

③ 61.46 ④ 82.22

(4) 인장과 전단, 굽힘 모멘트와 비틀림 모멘트가 동시에 주어지는 경우

- 상당비틀림 모멘트, $T_e = \sqrt{M^2 + T^2}$ (최대 전단응력설, Tresca criterion)
- 상당굽힘 모멘트, $M_e = \dfrac{(M + T_e)}{2}$ (최대 주응력설, Rankine criterion)
- 최대전단응력, $\tau_{max} = \sqrt{(\frac{\sigma}{2})^2 + \tau^2}$ (최대 전단응력설, Tresca criterion)
- 최대수직응력, $\sigma_{max} = \dfrac{\sigma}{2} + \tau_{max}$ (최대 주응력설, Rankine criterion)
- 전단변형응력, $\tau_v = \dfrac{2}{\sqrt{3}}(\tau_{max})$ (전단 변형 에너지설, VonMises criterion)

* 1축 응력 상태일 때 최대전단응력설에 의한 $\tau_{max} = \dfrac{1}{2}\sigma_y$ ($\tau = 0$이므로)

Q1) 재료의 파손 이론 중 취성 재료에 잘 일치하는 것은?

❶ 최대주응력설 ② 최대전단응력설
③ 최대주변형률설 ④ 변형률 에너지설

Q2) 어떤 축이 굽힘 모멘트 M과 비틀림 모멘트 T를 동시에 받고 있을 때, 최대주응력설에 의한 상당 굽힘 모멘트 Me는?

① $Me = 1/2(M + \sqrt{M + T})$ ② $Me = 1/2(M^2 + \sqrt{M + T})$
❸ $Me = 1/2(M + \sqrt{M^2 + T^2})$ ④ $Me = 1/2(M^2 + \sqrt{M^2 + T^2})$

Q3) 7kN · m의 비틀림 모멘트와 14kN · m의 굽힘 모멘트를 동시에 받는 축의 상당 굽힘 모멘트는 몇 kN · m인가?

❶ 14.83 ② 211.65 ③ 15.65 ④ 31.46

A3) $T = 7kN \cdot m$

$M = 14kN \cdot m$

$Me = ?kN \cdot m$

$$Te = \sqrt{M^2 + T^2} = 15.65$$

$$Me = \frac{M + Te}{2} = \frac{14 + 15.65}{2} = 14.825kN \cdot m$$

Q4) 직경 50mm의 축이 78.4N · m의 비틀림 모멘트와 49.0N · m의 굽힘 모멘트를 동시에 받을 때, 축에 생기는 최대전단응력은 몇 MPa인가?

① 2.88 ❷ 3.77 ③ 4.56 ④ 5.79

A4) $d = 50mm$
$T = 78400N \cdot mm$
$M = 49000N \cdot mm$
$\tau = ?\,N/mm^2$

$$Te = \sqrt{T^2 + M^2} = \sqrt{78400^2 + 49000^2} = 92453N$$

$$Te = \tau \times \frac{\pi d^3}{16}$$

$$\tau = \frac{16 \cdot Te}{\pi d^3} = \frac{16 \times 92453}{50^3 \pi} = 3.77N/mm^2$$

Q5) 축 방향으로 32MPa의 인장응력과 21MPa의 전단응력이 동시에 작용하는 볼트에서 발생하는 최대전단응력은 약 몇 MPa인가?

① 23.8 ❷ 26.4 ③ 29.2 ④ 31.4

A5) $\sigma = 32MPa$
$\tau = 21MPa$
$\tau_{\max} = ?MPa$

$$\tau_{\max} = \sqrt{(\frac{\sigma}{2})^2 + \tau^2}$$

$$\tau_{\max} = \sqrt{(\frac{32}{2})^2 + 21^2} = 26.4MPa$$

Q6) 굽힘 모멘트와 토크를 동시에 받는 축의 인장응력은 90MPa, 전단응력은 60MPa이다. 허용인장응력은 110MPa, 허용전단응력은 80MPa이라면 다음 중 틀린 것은?

① 최대주응력설에 의하면 이 축은 안전하지 않다.

❷ 최대전단응력설에 의하면 이 축은 안전하지 않다.

③ 전단변형에너지설에 의하면 이 축은 안전하지 않다.

④ 단순인장응력 상태에서는 최대 주응력설에 의한 파손 조건과 전단 변형 에너지설에 의한 파손 조건이 같다.

A6) $\sigma = 90MPa$
$\tau = 60MPa$
$\sigma_a = 110MPa$
$\tau_a = 80MPa$

① $\sigma_{\max} = \frac{\sigma}{2} + \tau_{\max} = \frac{90}{2} + 75 = 120 > 110$, 안전하지 않다.

❷ $\tau_{\max} = \sqrt{(\frac{\sigma}{2})^2 + \tau^2} = \sqrt{(\frac{90}{2})^2 + 60^2} = 75 < 80$, 안전하다.

③ $\tau_v = \frac{2}{\sqrt{3}}(\tau_{\max}) = \frac{2}{\sqrt{3}} \times 75 = 86.6 > 80$, 안전하지 않다.

(5) 중실축과 중공축의 토크 비교

중실축인 경우	중공축인 경우
$T = \tau \cdot Z_p = \tau \cdot \dfrac{\pi d^3}{16}$ d : 중실축 직경 d_2 : 중공축 외경 d_1 : 중공축 내경	$T = \tau \cdot \dfrac{\pi(d_2^4 - d_1^4)}{16 d_2} = \tau \cdot \dfrac{\pi d_2^4(d_2^4 - d_1^4)}{16 d_2 d_2^4}$ $= \tau \cdot \dfrac{\pi}{16} \cdot \dfrac{d_2^8}{d_2^5} - \dfrac{d_2^4 d_1^4}{d_2^5} = \tau \cdot \dfrac{\pi}{16} \cdot \dfrac{d_2^3}{1} - \dfrac{d_2^4 d_1^4}{d_2 d_2^4}$ $= \tau \cdot \dfrac{\pi}{16} \cdot d_2^3 - d_2^3 x^4 = \tau \cdot \dfrac{\pi}{16} \cdot d_2^3(1 - x^4)$
내, 외경비, $x = \dfrac{d_1}{d_2} < 1$ 외경, 직경비, y (중공축 외경과 중실축 직경 비) $y = \dfrac{d_2}{d} = \dfrac{1}{\sqrt[3]{1 - x^4}}$	$T = \tau \cdot Z_p = \tau \cdot \dfrac{\pi d^3}{16}(1 - x^4)$

Q1) 중공축의 안지름과 바깥지름의 비를 $x(<1)$라 할 때, 동일한 비틀림 모멘트에 대해서 동일한 비틀림 응력이 발생하기 위한 중실축 지름(d)과 중공축의 바깥지름(d_2)의 비 d_2/d는? (단, 중실축과 중공축의 재질은 같다.)

① $\sqrt[3]{1 - x^4}$　② $\sqrt[4]{1 - x^4}$　❸ $\dfrac{1}{\sqrt[3]{1 - x^4}}$　④ $\dfrac{1}{\sqrt[4]{1 - x^4}}$

A1) 중실축, $T = \tau \cdot \dfrac{\pi}{16} \cdot d^3$

중공축, $T = \tau \cdot \dfrac{\pi}{16} \cdot d_2^3(1 - x^4)$

중실축의 토크와 중공축의 토크를 같게 함

$d^3 = d_2^3(1 - x^4)$, $\dfrac{d^3}{d^3} = \dfrac{d_2^3}{d^3}(1 - x^4)$

$1 = (\dfrac{d_2}{d})^3(1 - x^4)$, $\dfrac{d_2}{d} = \dfrac{1}{\sqrt[3]{(1 - x^4)}}$

Q2) 굽힘 모멘트만을 받는 중공축의 허용 굽힘응력, σ_b 중공축의 바깥지름, D 여기에 작용하는 굽힘모멘트, M일 때 중공축의 안지름 d를 구하는 식으로 옳은 것은?

① $d=\sqrt[4]{\dfrac{D(\pi\sigma_b D^3-16M)}{\pi\sigma_b}}$ ❷ $d=\sqrt[4]{\dfrac{D(\pi\sigma_b D^3-32M)}{\pi\sigma_b}}$

③ $d=\sqrt[3]{\dfrac{D(\pi\sigma_b D^3-16M)}{\pi\sigma_b}}$ ④ $d=\sqrt[3]{\dfrac{D(\pi\sigma_b D^3-32M)}{\pi\sigma_b}}$

A2) 중공축의 굽힘 모멘트,

$M=\sigma_b \cdot Z$

$=\sigma_b \dfrac{\pi\ d_2^3}{32}(1-x^4)$

$(1-x^4)=\dfrac{32M}{\sigma_b\pi\, d_2^3},\quad (\dfrac{d_1}{d_2})^4=\dfrac{\sigma_b\pi\, d_2^3-32M}{\sigma_b\pi\, d_2^3},$

$d_1=\sqrt[4]{\dfrac{d_2^4(\sigma_b\pi\, d_2^3-32M)}{\sigma_b\pi\, d_2^3}}=\sqrt[4]{\dfrac{d_2(\pi\sigma_b d_2^3-32M)}{\pi\sigma_b}}$

Q3) 지름 7cm의 중실축과 비틀림 강도(强度)가 같고, 내 · 외경비가 0.8인 중공축의 바깥지름은 약 몇 mm인가?

① 77.3 ❷ 83.4

③ 89.5 ④ 95.1

A3) 직경, $d=7cmm=70mm$

외경, $d_2=?\,mm$

내,외경비, $x=\dfrac{d_1}{d_2}=0.8$

외경, 직경비, $y=\dfrac{d_2}{d}=\dfrac{1}{\sqrt[3]{1-x^4)}}$

$y=\dfrac{d_2}{d}=\dfrac{1}{\sqrt[3]{1-x^4}}$

$\dfrac{d_2}{70}=\dfrac{1}{\sqrt[3]{1-0.8^4}}$

$d_2=\dfrac{70}{\sqrt[3]{1-0.8^4}}=83.44$

2 기계요소 설계

(6) 축의 강성에 의한 설계

: 지름에 비해 길이가 긴 전동축은 적당한 강성이 필요하다. 바하의 축공식에 의해 $l=1m$ 당 $\theta \leq \frac{1}{4}°$ 로 설계한다.

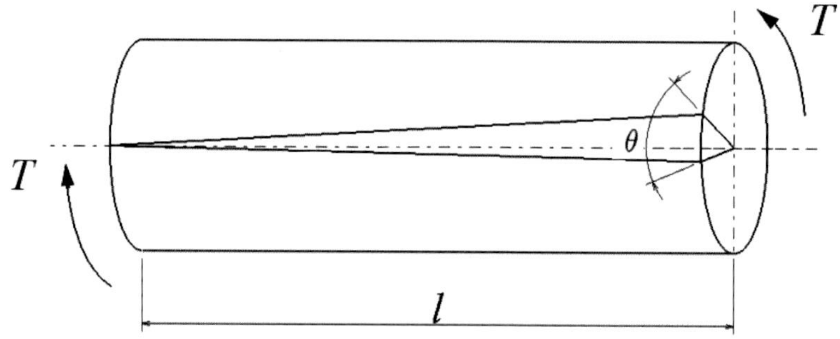

$$\text{비틀림각, } \theta° = \frac{Tl}{GI_p}, \quad \theta° \times \frac{\pi}{180°} = \frac{Tl}{GI_p}, \quad \theta(rad) = \frac{180°}{\pi} \times \frac{Tl}{GI_p}$$

θ : 비틀림각(°), T : 토크($kg_f \cdot mm$), l : 축길이, G : 전단(횡)탄성계수(MPa),

I_p : 극관성 모멘트, $I_p = \frac{\pi d^3}{32}$

$$\theta = 0.25° \times \frac{\pi(rad)}{180°} = 0.0044(rad)$$

$$l = 1m = 1000mm$$

$$T = 974000\frac{H_{kw}}{N}$$

$$I_p = \frac{\pi d^4}{32}$$

연강의 전단탄성계수, G

$$G = 80GPa = 80 \times 10^3 N/mm^2 = 8.16 \times 10^3 kg_f/mm^2$$

$$\theta(rad) = \frac{974000 \cdot H_{kw} \cdot 32 \cdot l}{G \cdot \pi d^4 \cdot N}$$

$$0.0044 = \frac{974000 \cdot H_{kw} \cdot 32 \cdot 10^3}{8.16 \cdot 10^3 \cdot \pi \cdot d^4 \cdot N}$$

$$d = \sqrt[4]{276322485.9\frac{H_{kw}}{N}}$$

$$d = 129\sqrt[4]{\frac{H_{kw}}{N}} \approx 130\sqrt[4]{\frac{H_{kw}}{N}}$$

Q1) 지름 45mm의 축이 200rpm으로 회전하고 있다. 이 축은 길이 1m에 대하여 1/4°의 비틀림각이 발생한다고 할 때 약 몇 kW의 동력을 전달하고 있는가? (단, 축 재료의 가로 탄성계수는 84 GPa이다.)

① 2.1 ② 2.6 ❸ 3.1 ④ 3.6

A1) $d = 45mm$

$N = 200rpm$

$\theta = 1/4^{\circ} \times \dfrac{\pi(rad)}{180^{\circ}} = 0.0044(rad)$

$H_{kw} = ?kW$

$G = 84GPa = 84 \times 10^3 N/mm^2$
$= 8.57 \times 10^3 kg_f/mm^2$

$$\theta(rad) = \frac{Tl}{GI_p},$$

$$\theta(rad) = \frac{974000 \cdot H_{kw} \cdot 32 \cdot l}{G \cdot \pi d^4 \cdot N}$$

$$H_{kw} = \frac{\theta(rad) \cdot G \cdot \pi d^4 \cdot N}{974000 \cdot 32 \cdot 10^3}$$
$$= \frac{0.0044 \cdot 8.57 \times 10^3 \cdot \pi \cdot 45^4 \cdot 200}{974000 \cdot 32 \cdot 10^3}$$
$$= 3.11$$

3) 축 이음 이론

축과 축을 연결하여 회전 토크를 전달하는 기계요소이다. 축 이음은 운전 중 탈부착이 가능한 클러치와 불가능한 커플링으로 나눈다.

(1) 고정 커플링

- 두 축이 동일 선상에 있는 커플링이다.
- 종류 : 원통(머프, 슬리브, 클램프)커플링, 플랜지커플링
- 셀러커플링 : 머프커플링을 셀러가 개량

(2) 플렉시블커플링

- 두 축이 동일 선상이긴 하나 진동이나 열응력으로 완전히 일치하기 어려울 때(휘어져 있을 때) 코일과 같은 탄성체를 연결하거나 갭에 유연(Flexible)한 탄성체를 삽입하여 사용한다.
- 종류 : 벨로즈커플링(스파이럴커플링), 기어커플링, 체인커플링

(3) 올덤커플링

- 두 축이 평행하나 위치가 어긋나(편심, offset) 있을 때 사용한다.

(4) 유니버셜 조인트

- 두 축이 교차할 때 사용한다.

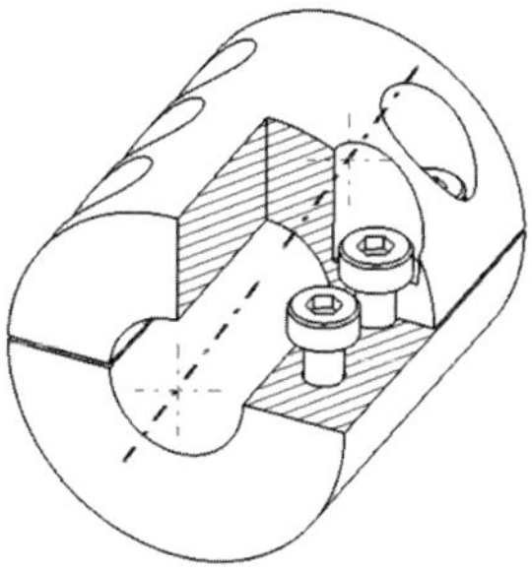

(a) 원통(클램프)커플링

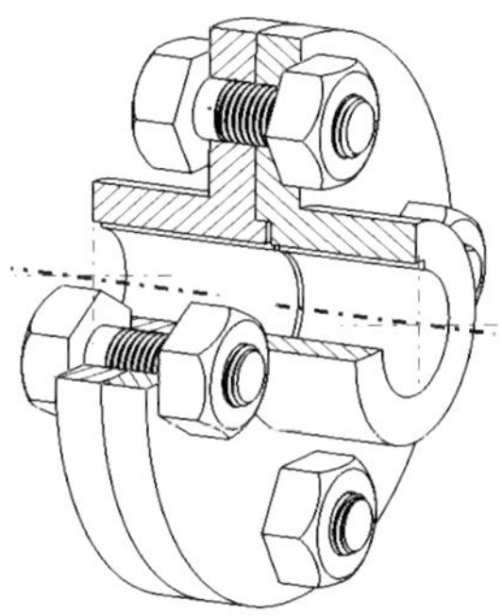

(b) 플랜지커플링

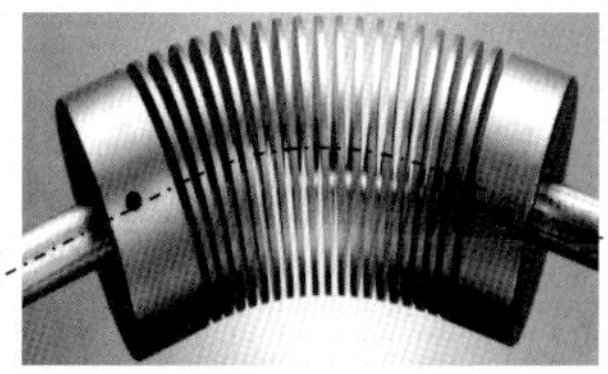

(c) 플렉시블커플링(벨로즈)

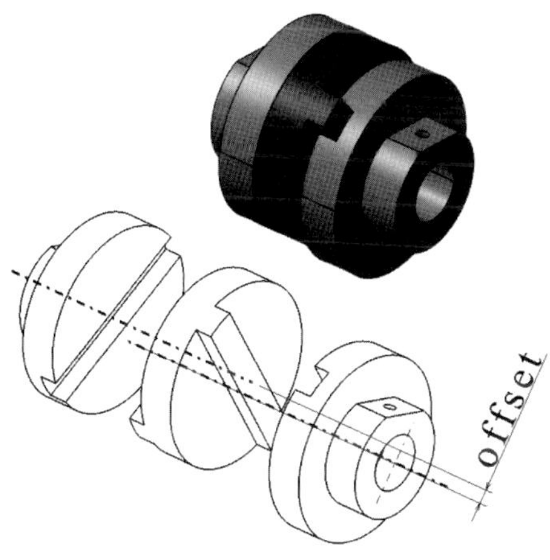

(d) 올덤커플링

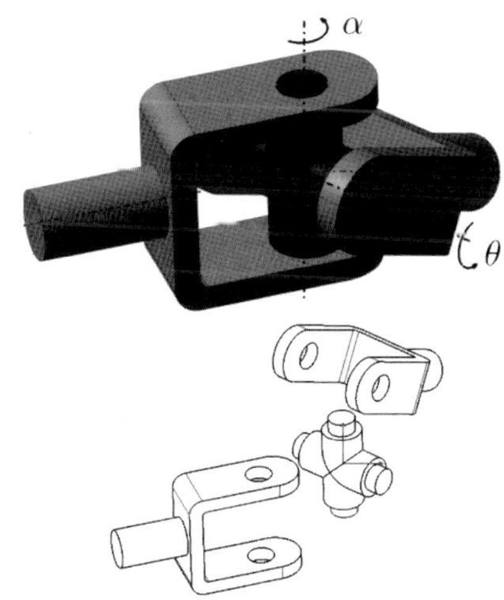

(e) 유니버설 조인트

〈커플링의 종류〉

Q1) 다음 중 유연성 커플링(flexible coupling)이 아닌 것은?

① 기어커플링 ❷ 셀러커플링 ③ 롤러체인커플링 ④ 벨로즈커플링

Q2) 다음 커플링의 종류 중 원통 커플링에 속하지 않는 것은?

① 머프커플링 ❷ 올덤커플링 ③ 클램프커플링 ④ 셀러커플링

Q3) 두 축을 주철 또는 주강제로 이루어진 2개의 반원통에 넣고 두 반원통의 양쪽을 볼트로 체결하며 조립이 용이한 커플링은?

❶ 클램프커플링 ② 셀러커플링 ③ 머프커플링 ④ 플랜지커플링

Q4) 축선에서의 약간의 어긋남을 허용하면서 충격과 진동을 감소시키는 축이음은?

① 유니버셜 조인트 ❷ 플렉시블커플링 ③ 클램프커플링 ④ 올덤커플링

Q5) 커플링의 설명으로 옳은 것은?

① 플렌지커플링은 축심이 어긋나서 진동하기 쉬운데 사용한다.

② 플렉시블커플링은 양축의 중심선이 일치하는 경우에만 사용한다.

❸ 올덤커플링은 두 축이 평행으로 있으면서 축심이 어긋났을 때 사용한다.

④ 원통커플링은 지름은 축 중심선의 임의의 각도로 교차되었을 때 사용한다.

Q6) 원동축에서 종동축에 동력을 연결하거나 혹은 동력전달 중에 동력을 끊을 필요가 있을 때 사용되는 기계요소에 속하는 것은?

❶ 원심클러치 ② 플렉시블커플링 ③ 셀러커플링 ④ 유니버셜 조인트

Q7) 자전거의 래칫휠에 사용되는 클러치는?

① 맞물림 클러치 ② 마찰 클러치 ❸ 일방향 클러치 ④ 원심 클러치

Q8) 커플링으로 연결된 CNC 공작기계의 볼 스크루 피치가 12mm이고, 서보모터의 회전각도가 240°일 때 테이블의 이동량은 얼마인가?

① 2mm ② 4mm ❸ 8mm ④ 12mm

A8) $p = 12mm$, $\theta = 240^\circ$, $l = ?mm$

$$L = p \cdot n = \frac{l}{N},\quad 1rev = 360^\circ,\quad N = \frac{240}{360} = \frac{2}{3} = 0.67$$

$$l = p \cdot N = 12 \times 0.67 = 7.9$$

4) 베어링 이론

회전 운동하는 축이나 왕복 운동하는 축을 지지하여 축에 작용하는 부하를 경감하는 기계요소이다.

(1) 베어링의 종류

① 하중의 작용 방향에 따른 분류 : 레이디얼 베어링, 스러스트 베어링, 원추 베어링

② 접촉면에 따른 분류 : 미끄럼 베어링, 구름 베어링

2 기계요소 설계

(2) 구름 베어링과 미끄럼 베어링의 비교

구름 베어링	미끄럼 베어링
레이디얼 볼(롤러)베어링, 스러스트베어링, 테이퍼베어링	엔드저널베어링, 피봇저널베어링, 칼라저널베어링
작은 마찰계수, 고속회전	큰 마찰계수, 저속 회전
작은 하중, 충격에 약함	큰 하중, 충격에 강함
크기가 커짐, 설치 복잡	크기가 작아짐, 설치 단순

(3) 미끄럼 베어링에서 페트로프식

$$\mu = \frac{\nu N R}{p}$$

마찰계수(μ)(=마찰저항)는 점도(ν), 회전수(N), 축반경(R)에는 비례하고 압력(p)과는 반비례한다.

(4) 베어링의 호칭 번호

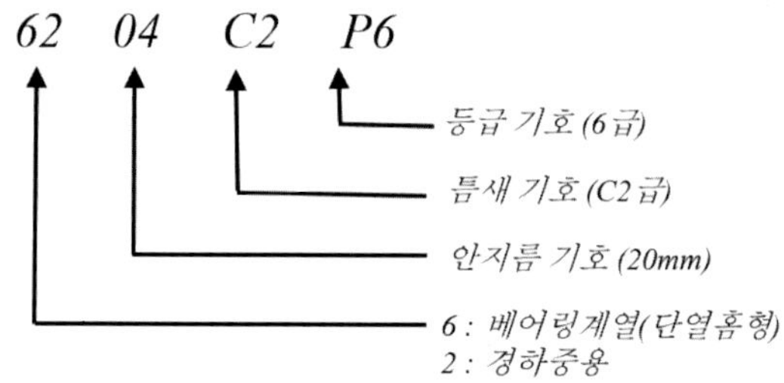

- 62 04 C2 P6 : 계열과 부하, 안지름, 틈새, 등급

① 첫 번째 숫자 : 형식 번호

첫 번째 숫자	형식 번호	첫 번째 숫자	형식 번호
1	복렬 자동 조심형	6	단열 홈형
2, 3	복렬 자동 조심형 (큰 너비)	7	단열 앵귤라 컨텍트형
5	스러스트 베어링	N	원통 롤러형

② 두 번째 숫자 : 부하 기호

두 번째 숫자	0, 1	2	3
부하 기호	특별 경하중형	경하중형	중간 하중형

③ 세 번째와 네 번째 숫자 : 형식 번호

안지름 번호	1	2	3	4	5	5	7	8	9	00
안지름(mm)	1	2	3	4	5	5	7	8	9	10
안지름 번호	01	02	03	04	05	06	07	08	09	10
안지름(mm)	12	15	17	20	25	30	35	40	45	50

04번 부터는 번호$(04) \times 5 = 20mm$

④ 다섯 번째 이후 기호 : 등급 기호

다섯 번째 이후의 기호	없음	H	P	SP
등급 기호	보통급	상급	정밀급	초정밀급

(5) 저널 베어링의 종류

- 레이디얼 저널 : 하중이 반경 방향으로 작용하는 저널로 엔드 저널과 중간 저널이 있다.
- 스러스트 저널 : 하중이 축 방향으로 작용하는 저널로 피벗 저널과 칼라 저널이 있다.
- 원추 지널 (원뿔 저널) : 하중이 반경 방향과 축 방향으로 동시에 작용한다.
- 구면 저널 : 축을 임의 방향으로 경사지게 할 수 있다.

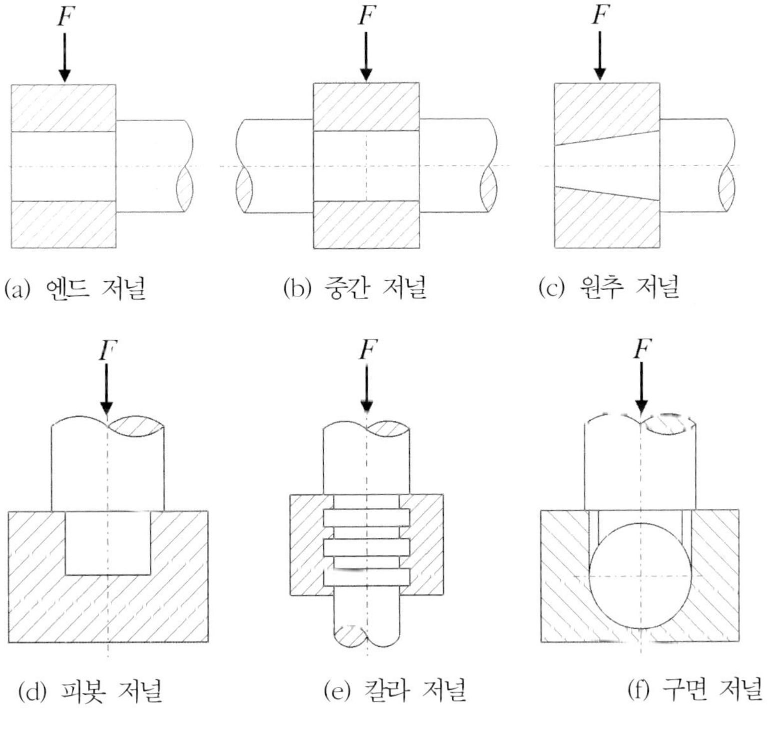

〈저널 베어링의 종류〉

Q1) 다음 중 일반적으로 길이 방향으로 단면하여 나타내도 무방한 것은?

① 볼트(Bolt) ② 키(Key) ③ 리벳(Rivet) ❹ 미끄럼베어링(Sliding Bearing)

Q2) 깊은 홈 볼베어링의 안지름이 25mm일 때 이 베어링의 안지름 번호는?

① 00 ❷ 05 ③ 25 ④ 50

Q3) 구름베어링의 기호 중 "NF 307" 베어링의 안지름은 몇 mm인가?

① 7 ② 10 ③ 30 ❹ 35

Q4) 구름베어링 기호 중 안지름이 10mm인 것은?

❶ 7000 ② 7001 ③ 7002 ④ 7010

Q5) 구름베어링의 호칭 번호가 6001일 때 안지름은 몇 mm인가?

① 10 ② 11 ❸ 12 ④ 13

Q6) 구름베어링의 안지름 번호와 안지름 치수가 잘못 연결된 것은?

① 안지름번호 : 00 - 안지름 : 10mm ② 안지름번호 : 03 - 안지름 : 17mm

❸ 안지름번호 : 07 - 안지름 : 30mm ④ 안지름번호 : 22 - 안지름 : 22mm

Q7) 미끄럼 베어링 재료에 요구되는 성질로 거리가 먼 것은?

① 하중 및 피로에 대한 충분한 강도를 가질 것 ② 내부 식성이 강할 것

③ 유막의 형성이 용이할 것 ❹ 열전도율이 작을 것

Q8) 구름베어링에서 전동체의 원둘레에 고르게 배치하여 전동체가 몰리지 않고 일정한 간격을 유지할 수 있게 하여 전동체의 접촉에 의한 마찰을 방지하는 역할을 하는 것은?

❶ 리테이너 ② 내륜 ③ 저널 ④ 실드 플레이트

Q9) 구름베어링에서 실링(Sealing)의 주목적으로 가장 적합한 것은?

① 구름베어링에 주유를 주입하는 것을 돕는다.

② 구름베어링의 발열을 방지한다.

❸ 윤활유의 유출 방지와 유해물의 침입을 방지한다.

④ 축에 구름 베어링을 끼울 때 삽입을 돕는다.

Q10) 다음 중 축 중심선에 직각 방향과 축 방향의 힘을 동시에 받는데 쓰이는 베어링으로 가장 적합한 것은?

❶ 앵귤러 볼베어링　　② 원통 롤러베어링

③ 스러스트 볼베어링　　④ 레이디얼 볼베어링

Q11) 작용하중의 방향에 따른 베어링 분류 중에서 축선에 직각으로 작용하는 하중과 축선 방향으로 작용하는 하중이 동시에 작용하는데 사용하는 베어링은?

① 레이디얼 베어링(radial bearing)　　② 스러스트 베어링(thrust bearing)

❸ 테이퍼 베어링(taper bearing)　　④ 칼라 베어링(collar bearing)

Q12) 베어링 설치 시 고려해야 하는 예압(pre-load)에 관한 설명으로 옳지 않은 것은?

① 예압은 축의 흔들림을 적게 하고 회전 정밀도를 향상시킨다.

② 베어링 내부 틈새를 줄이는 효과가 있다.

❸ 예압량이 높을수록 예압 효과가 커지고 베어링 수명에 유리하다.

④ 적절한 예압을 적용할 경우 베어링의 강성을 높일 수 있다.

Q13) 오일리스 베어링(oilless bearing)의 특징을 설명한 것으로 틀린 것은?

❶ 단공질이므로 강인성이 높다.　　② 무급유 베어링으로 사용한다.

③ 대부분 분말 야금법으로 제조한다.　　④ 동 계에는 Cu-Sn-C 합금이 있다.

Q14) 길이에 비해 지름이 아주 작은(보통 5mm이하) 긴 원통형 모양의 롤러를 사용하는 베어링으로 일반적으로 리테이너는 없지만, 롤러의 굽힘을 방지하기 위해 일부 리테이너가 장착되기도 하는 베어링은?

① 테이퍼 롤러 베어링　　② 구면 롤러 베어링

❸ 니들 롤러 베어링　　④ 자동 조심 롤러 베어링

Q15) 다음 중 복렬 자동 조심 볼 베어링에 해당하는 베어링 간략 기호는?

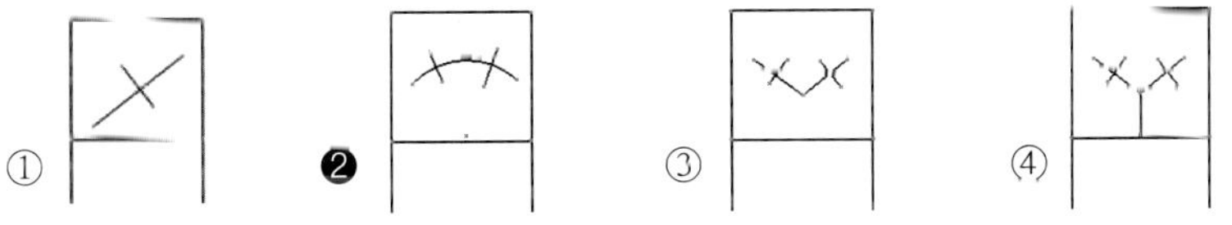

① ❷ ③ ④

Q16) 베어링을 설계할 때 주의사항으로 틀린 것은?

① 마모가 적을 것
② 강도를 충분히 유지할 것
❸ 마찰저항이 크고 손실동력이 감소할 것
④ 구조가 간단하여 유지보수가 쉬울 것

Q17) 구름 베어링제도에서 상세한 도시 방법 중 보기와 같은 베어링은?

① 앵귤러 컨택트 스러스트 볼 베어링
② 이중 방향 스러스트 볼 베어링
❸ 단열 방향 스러스트 볼 베어링
④ 복렬 깊은 홈 볼 베어링

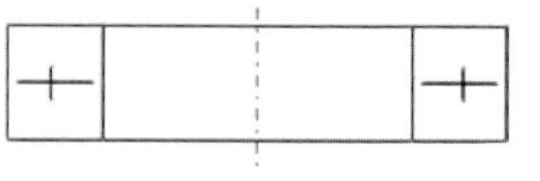

5) 베어링 설계 (수명)

- 볼베어링 : Lh = $500(\frac{C}{P})^3 \times \frac{33.3}{N}$, Ln = $(\frac{C}{P})^3 \times 10^6$
- 미끄럼베어링 : Lh = $500(\frac{C}{P})^{\frac{10}{3}} \times \frac{33.3}{N}$, Ln = $(\frac{C}{P})^{\frac{10}{3}} \times 10^6$

Lh : 베어링의 수명(h), Ln : 베어링의 수명 회전수 (rev)

P : 베어링이 받고 있는 하중(kN), C : 베어링의 부하 용량(kN), N : 회전수(RPM)

Q1) 기본 부하용량이 33000N이고, 베어링 하중이 4000N인 볼베어링이 900rpm으로 회전할 때, 베어링의 수명 시간은 약 몇 시간인가?

① 9050 ② 9500 ❸ 10400 ④ 11500

A1) $C = 33000N$
$P = 4000N$
$N = 900rpm$
$Lh = ?h$

$$Lh = 500(\frac{C}{P})^3 \times \frac{33.3}{N}$$
$$= 500(\frac{33000}{4000})^3 \times \frac{33.3}{900} = 10388$$

Q2) 원통 롤러베어링 N206(기본 동정격하중 14.2kN)이 600rpm으로 1.96kN의 베어링 하중을 받치고 있다. 이 베어링의 수명은 약 몇 시간인가? (단, 베어링 하중계수(fw)는 1.5를 적용한다.)

① 4200 ② 4800 ❸ 5300 ④ 5900

A2) $C = 14.2kN$
$N = 600rpm$
$P = 1.96kN$
$Lh = ?h$
$f_w = 1.5$

$$Lh = 500 \times (\frac{C}{P \quad f_w})^{3.33} \times \frac{33.3}{N}$$
$$= 500 \times (\frac{14.2}{1.96 \times 1.5})^{3.33} \times \frac{33.3}{600} = 5257.59$$

Q3) 원통 롤러베어링 N206이 500rpm으로 1800N의 베어링 하중을 받을 때 이 베어링의 수명은 약 몇 시간인가? (단, 이 베어링의 기본 동정격하중은 14500N, 하중계수는 1.5로 한다.)

① 8422　　❷ 9041　　③ 9672　　④ 10422

A3) $N=500rpm$
$P=1800N$
$C=14500N$
$f_w=1.5$
$Lh=?h$

$$Lh=500\times\left(\frac{C}{P\times fw}\right)^{\frac{10}{3}}\times\frac{33.3}{N}$$

$$=500\times\left(\frac{14500}{1800\times1.5}\right)^{\frac{10}{3}}\times\frac{33.3}{500}=8981.7$$

Q4) 90rpm으로 회전하고 980N의 하중을 받는 레이디얼 볼베어링의 기본 동정격하중은 약 몇 kN인가? (단, 하중계수는 1로 하고, 수명은 5000시간으로 한다.)

❶ 2.94　　② 4.91　　③ 8.83　　④ 15.70

A4) $N=90rpm$
$P=980N=0.98kN$
$C=?kN$
$fw=1$
$Lh=5000$

$$Lh=500\times\left(\frac{C}{P}\right)^3\times\frac{33.3}{N}=500\times\frac{C^3}{P^3}\times\frac{33.3}{N}$$

$$C^3=\frac{Lh\times P^3\times N}{33.3\times500}$$

$$C=\sqrt[3]{\frac{500\times0.98^3\times90}{33.3\times500}}=2.94$$

Q5) 보통 운전으로 회전수 300rpm, 베어링 하중 110N을 받는 단열 레이디얼 볼베어링의 기본 동정격하중은? (단, 수명은 6만 시간이고, 하중계수는 1.5이다)

❶ 1693N　　② 169.3N　　③ 1650N　　④ 165.0N

Q6) 레이디얼 볼베어링 '6304'에서 한계속도계수(dN, mm · rpm)값을 120000이라 하면, 이 베어링의 최고 사용 회전수는 약 몇 rpm인가?

① 4500　　❷ 6000　　③ 6500　　④ 8000

Q7) 볼베어링에서 작용 하중은 5kN, 회전수가 4000rpm이며, 이 베어링의 기본 동정격하중이 63kN이라면 수명은 약 몇 시간인가?

① 6300시간　　❷ 8300시간　　③ 9500시간　　④ 10200시간

Q8) 볼베어링에서 수명에 대한 설명으로 옳은 것은?

① 베어링에 작용하는 하중의 3승에 비례한다.

❷ 베어링에 작용하는 하중의 3승에 반비례한다.

③ 베어링에 작용하는 하중의 10/3승에 비례한다.

④ 베어링에 작용하는 하중의 10/3승에 반비례한다.

2.5 완충 및 제동용 기계요소 (스프링, 브레이크)

스프링은 물체의 탄성을 이용하는 기계요소이다. 미국의 왈(Wahl)이 정의한 바에 의하면 "스프링이란 힘을 가하면 형태가 변하고 힘을 제거하면 원래 형태로 돌아가는 것을 목적으로 만들어진 탄성체이다."라고 하였다. 코일 스프링이 용의 수염을 닮았다고 하여 용수철로도 불린다.

1) 스프링 이론

(1) 스프링의 용도

① 완충용 : 진동 흡수, 충격 완화(철도, 차량),

② 측정용 : 압력의 제한(안전밸브),

③ 에너지 축적 : 탄성에너지 저축(태엽 시계)

④ 가압용 : 힘과 무게 측정(압력계, 저울)

⑤ 제어용 : 기계 장치의 운동 전달 및 제한(내연기관의 밸브 스프링)

(2) 스프링의 분류

① 용도에 의한 분류 : 완충, 측정, 축적, 가압, 제어용

② 하중에 의한 분류 : 인장 스프링, 압축 스프링, 토션 스프링, 굽힘 스프링

③ 모양에 의한 분류 : 코일 스프링, 스파이럴 스프링, 볼루트 스프링, 겹침판 스프링

④ 재료에 의한 분류 : 금속 스프링(강 스프링, 비철 스프링), 비금속 스프링(고무 스프링, 공기 스프링, 액체 스프링, FRP)

(3) 스프링의 제도

① 코일 스프링, 벌류트 스프링, 스파이럴 스프링은 하중이 걸리지 않는 상태에서 그린다.

② 겹판 스프링은 상용 하중 상태에서 그리는 것을 표준으로 한다

③ 스프링의 종류 및 모양만 간략하게 그릴 때 스프링 소선의 중심선을 굵은 실선으로 그리며, 정면도만 그린다.

2 기계요소 설계

(4) 스프링의 종류

① 코일 스프링(Coil spring) : 하중 방향에 따라 인장 코일 스프링(Tension coil spring), 압축 코일 스프링(Compressive coil spring), 비틀림 코일 스프링(Torsion coil spring)으로 분류되며 형상에 따라 직관형, 원추형, 드럼형, 장고형으로 분류된다. (a), (b), (c), (d)

② 토션 바(Torsion bar) : 원형봉에 비틀림 모멘트(토크)를 가하면 비틀림 변형이 생기는 원리를 이용한 스프링으로 토션 바라하며 자동차의 토션 바 서스펜션 등 현가장치로도 쓰인다. (e)

③ 겹침판 스프링(Leaf spring) : 너비가 좁고 두께가 얇고 길이가 긴 보를 여러 장 겹쳐서 사용하며 자동차 현가(완충)장치로 사용된다. (f)

④ 태엽 스프링(Spiral spring) : 시계의 태엽처럼 변형 에너지를 축적하였다가 변형이 회복되면서 일을 한다. (g)

⑤ 벌류트 스프링(Volute spring) : 태엽스프링을 축 방향으로 원추 형태로 감아올린 것으로 오토바이 완충용으로 사용된다. (h)

⑥ 접시 스프링(Disc spring) : 원판스프링으로 불리며 중앙에 구멍이 있고 원추형이다. 병렬 혹은 직렬로 조합하여 강성을 쉽게 조정하며 프레스 완충장치나 공작기계용으로 사용된다. (i)

⑦ 와이어 스프링(Wire spring) : 탄성이 강한 선형 재료로 다양한 모양을 만들어 탄성에 의한 복원력을 이용하는 스프링이다. (j)

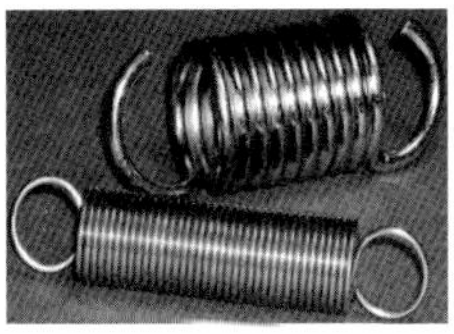

(a) 인장 코일 스프링

(b) 압축 코일 스프링

(c) 원추 코일 스프링

(d) 토션 스프링

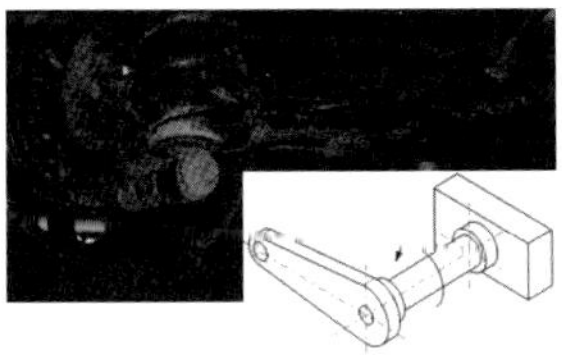

(e) 토션 바 스프링

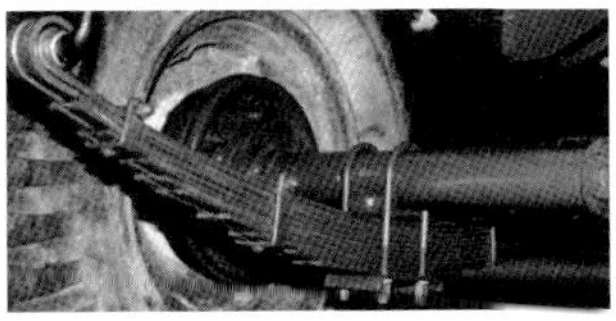

(f) 겹판 스프링

(g) 태엽(스파이럴) 스프링

(h) 벌류트 스프링

(i) 접시(디스크) 스프링

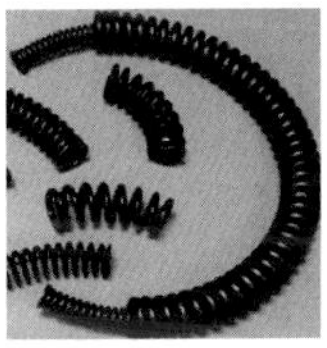

(j) 와이어 스프링

〈스프링의 종류〉

Q1) 다음 중 스프링의 용도와 거리가 먼 것은?

① 하중의 측정 ② 진동 흡수

❸ 동력 전달 ④ 에너지 축적

Q2) 고무 스프링의 일반적인 특징에 관한 설명으로 틀린 것은?

① 1개의 고무로 2축 또는 3축 방향의 하중에 대한 흡수가 가능하다.

② 형상을 자유롭게 할 수 있고, 다양한 용도가 가능하다.

③ 방진 및 방음 효과가 우수하다.

❹ 특히 인장하중에 대한 방진 효과가 우수하다.

A2) 고무 스프링은 압축하중에 대한 방진 효과가 우수하다.

Q3) 공기스프링에 대한 설명으로 틀린 것은?

❶ 감쇠성이 적다.

② 스프링 상수 조절이 가능하다.

③ 벨로즈식, 다이어프램식이 있다.

④ 자동차 및 철도차량용 서스펜션 등에 사용된다.

Q4) 스프링 종류 중 하나인 고무 스프링(rubber spring)의 일반적인 특징에 관한 설명으로 틀린 것은?

① 여러 방향으로 오는 하중에 대한 방진이나 감쇠가 하나의 고무로 가능하다.

② 형상을 자유롭게 선택할 수 있고, 다양한 용도로 적용이 가능하다.

③ 방진 및 방음 효과가 우수하다.

❹ 저온에서 방진 능력이 우수하여 -10°C 이하의 저온 저장고 방진장치에 주로 사용된다.

Q5) 판 스프링(Leaf Spring)의 특징에 관한 설명으로 거리가 먼 것은?

① 판 사이의 마찰에 의해 진동을 감쇠한다.

② 내구성이 좋고 유지보수가 용이하다.

③ 트럭 및 철도 차량의 현가장치로 주로 이용된다.

❹ 판 사이의 마찰 작용으로 인해 미소 진동의 흡수에 유리하다.

Q6) 겹판 스프링의 일반적인 특징으로 틀린 것은?

① 내구성이 좋고, 유지보수가 용이하다.

② 판 사이의 마찰에 의해 진동을 감쇠한다.

③ 트럭 및 철도차량의 현가장치로 잘 사용된다.

❹ 마찰 감쇠에 따라 미소 진동의 흡수에 특히 유리하다.

Q7) 원형 봉에 비틀림 모멘트를 가할 때 비틀림 변형이 생기는데, 이때 나타나는 탄성을 이용한 스프링은?

❶ 토션 바 ② 벌류트 스프링

③ 와이어 스프링 ④ 비틀림 코일스프링

Q8) 직사각형 단면의 판을 축 방향으로 원추형으로 감아올려 사용하는 것으로 주로 압축용으로 쓰이는 스프링은?

① 링 스프링 ② 토션 바

❸ 벌류트 스프링 ④ 접시 스프링

2) 스프링 설계

(1) 스프링 상수

$$K = \frac{F}{x} = \frac{W}{\delta}$$

K : 스프링 상수(kg_f/mm)

W, F : 하중(kg_f)

δ, x : 스프링 처짐량(mm)

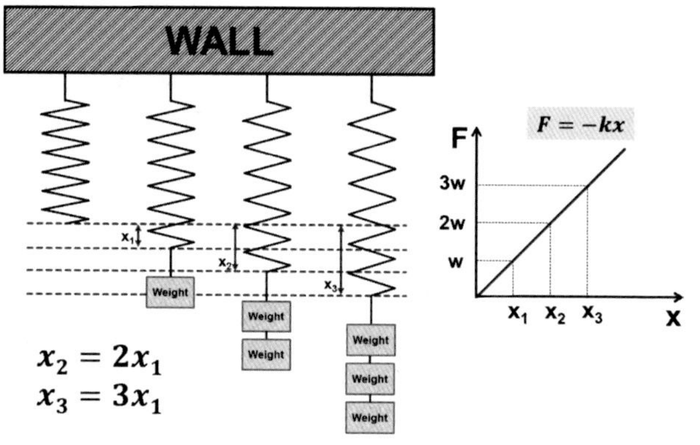

〈스프링 상수〉

병렬일 때 스프링 상수 계산	직렬일 때 스프링 상수 계산
$K = K_1 + K_2$	$\frac{1}{K} = \frac{1}{K_1} + \frac{1}{K_2}$

(2) 스프링에 의한 탄성에너지, U

$$U = \frac{1}{2} W\delta$$

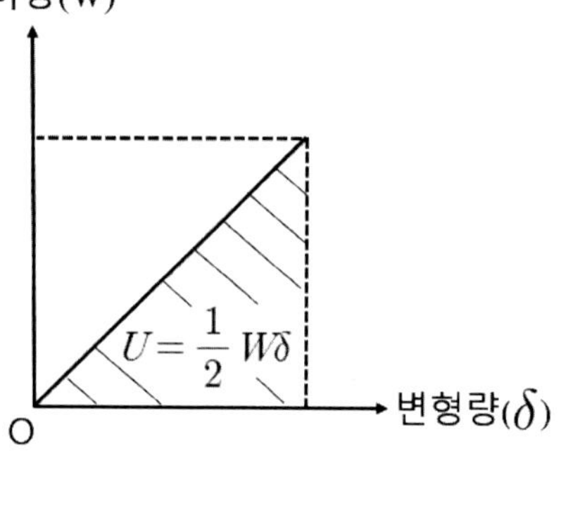

(3) 스프링 설계 인자

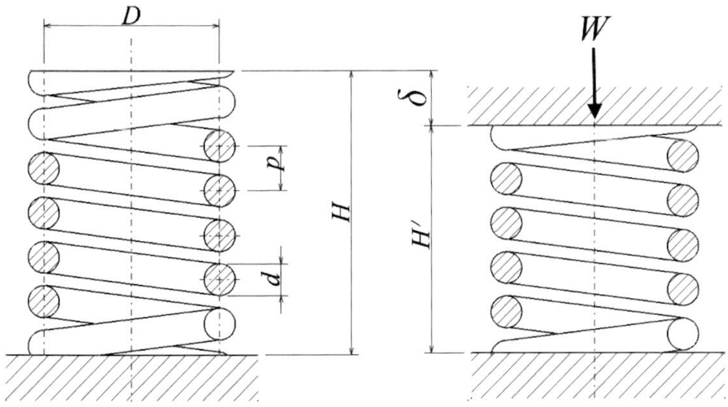

$$K = \frac{W}{\delta}, \quad C = \frac{D}{d}, \quad \delta = \frac{8nPD^3}{Gd^4}, \quad r = \frac{H}{D}$$

K : 스프링 상수(kg_f/mm), W : 하중(kg_f), δ : 스프링 처짐량(mm)

C : 스프링 지수, D : 스프링 직경(mm), d : 소선(코일) 직경(mm)

n : 감김수(권선수), P (=W) : 하중(kg_f), G : 전단탄성계수(MPa),

r : 스프링 종횡비, H : 자유 높이(mm), H' : 변형 후 높이(mm)

(4) 스프링에 작용하는 최대전단응력 (Wahl의 응력수정계수 사용)

① 순수 토크가 작용할 때 전단응력

토크1번식, $T = P \cdot \frac{D}{2}$

토크 3번식, $T = \tau \cdot Z_p$

$= \tau \cdot \frac{\pi d^3}{16}$

$P \cdot \frac{D}{2} = \tau \cdot \frac{\pi d^3}{16}$

$\tau = \frac{16PD}{2\pi d^3} = \frac{8PD}{\pi d^3}$

② 소선에 직접 전단이 작용할 때 전단응력

$\tau = \frac{4P}{\pi d^2} = \frac{4P \times d}{\pi d^2 \times d} = \frac{4Pd}{\pi d^3}$

$C = \frac{D}{d}$, $d = \frac{D}{C}$

$\tau = \frac{4PD}{\pi d^3 C} = \frac{8PD}{2Cpi\ d^3} = \frac{1}{2C}\frac{8PD}{\pi d^3}$

③ 두 전단응력을 합하면

$\tau_{\max} = \frac{8PD}{\pi d^3} + \frac{1}{2C}\frac{8PD}{\pi d^3}$

$= (1 + \frac{1}{2C})\frac{8PD}{\pi d^3}$

여기서 전단응력 수정계수,

$K = (1 + \frac{1}{2C})$이고

곡률 등을 고려하여 Wahl이 수정계수를 발표하였다.

④ Wahl의 수정계수를 고려한 최대전단응력

Wahl의 수정계수,

$K = \frac{4C-1}{4C-4} + \frac{0.615}{C}$

$\tau_{\max} = K \cdot \frac{8PD}{\pi d^3}$

Q1) 그림은 인장코일 스프링에서 작용하중(W)과 변형량(δ)의 관계 그래프이다. 이 그래프에서 직선의 기울기와 삼각형(△OAB) 면적은 각각 무엇을 나타내는가?

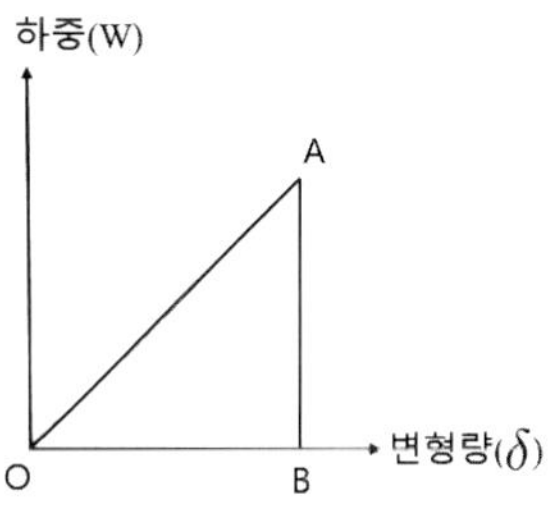

① 응력과 가로탄성계수

❷ 스프링 상수와 탄성 변형 에너지

③ 응력과 탄성 변형 에너지

④ 스프링 상수와 피로 한도량

Q2) 인장 및 압축의 선형 스프링에서 스프링에 작용하는 힘을 P, 마찰계수를 μ, 비틀림각을 θ, 변위량을 δ라 할 때 스프링 상수 k를 구하는 식은?

① $k=\mu P\delta$ ② $k=\delta/P$

❸ $k=P/\delta$ ④ $k=\mu\theta\delta$

Q3) 스프링의 자유 높이 H와 코일의 평균지름 D의 비를 무엇이라 하는가?

① 스프링 지수 ② 스프링 변위량

③ 스프링 상수 ❹ 스프링 종횡비

Q4) 스프링의 상수가 6N/mm인 코일 스프링에 300N의 인장하중을 발생시키면, 변형량은 약 몇 mm인가?

① 40mm ❷ 50mm

③ 60mm ④ 70mm

A4) $K=\dfrac{W}{\delta}$, $\delta=\dfrac{W}{K}=\dfrac{300}{6}=50mm$

Q5) 코일 스프링에서 유효 감김수를 2배로 하면 같은 축 하중에 대하여 처짐량은 몇 배가 되는가?

① 0.5 ❷ 2

③ 4 ④ 8

A5) $\delta_1=\dfrac{8nPD^3}{Gd^4}, \delta_2=\dfrac{8\times 2nPD^3}{Gd^4}, \delta_2=2\delta_1$

2 기계요소 설계

Q6) 그림과 같은 스프링 장치에서 W = 200 N의 하중을 매달면 처짐은 몇 cm가 되는가? (단, 스프링 상수 k_1= 15 N/cm, k_2 = 35 N/cm이다.)

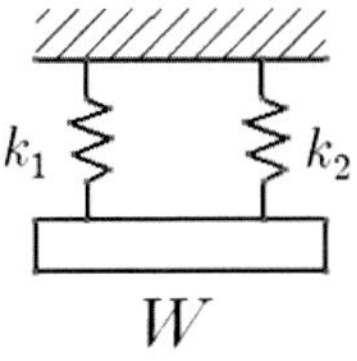

① 1.25 ② 2.5 ❸ 4.0 ④ 4.5

A6) $K=K_1+K_2=50$

$\delta=\frac{W}{K}=\frac{200}{50}=4cm$

Q7) 다음 그림과 같은 원통 코일 스프링의 처짐량 δ = 60mm일 때, 작용하는 하중 W는 몇 kg_f 인가? (단, 스프링 상수 k_1= 6 kg_f/cm, k_2= 2 kg_f/cm이다.)

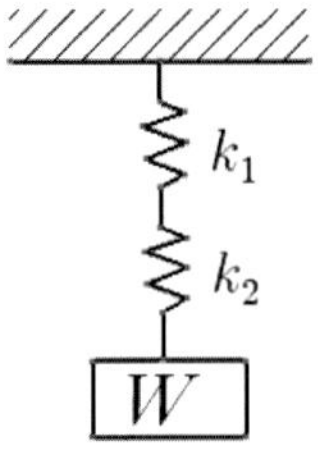

① 4kg_f ② 6kg_f

❸ 9kg_f ④ 48kg_f

A7) $\delta=60mm=6cm$

$W=?kg_f$

$k_1=6kg_f/cm$

$k_2=2kg_f/cm$

$K=\frac{W}{\delta}$

$\frac{1}{K}=\frac{1}{k_1}+\frac{1}{k_2}=0.667,$

$K=\frac{1}{0.667}=1.5$

$W=K\cdot\delta=1.5\times6=9$

Q8) 그림과 같은 스프링 장치에서 각 스프링 상수 k_1= 40N/cm, k_2= 50N/cm, k_3= 60N/cm이다, 하중 방향의 처짐이 150mm일 때 작용하는 하중 P는 약 몇 N인가?

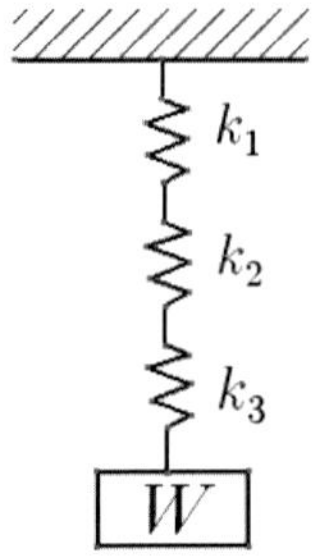

① 2250 ② 964 ③ 389 ❹ 243

A8) $\delta=150mm=15cm$

$W=?N$

$k_1=40N/cm$

$k_2=50N/cm$

$k_3=60N/cm$

$K=\frac{W}{\delta}$

$\frac{1}{K}=\frac{1}{k_1}+\frac{1}{k_2}+\frac{1}{k_3}=0.062,$

$K=\frac{1}{0.062}=16.13$

$W=K\cdot\delta=16.13\times15=242N$

Q9) 압축 코일 스프링의 소선 지름이 5mm, 코일의 평균 지름이 25mm이고, 200N의 하중이 작용할 때 스프링에 발생하는 최대전단응력은 약 몇 MPa인가? (단, 스프링 소재의 가로탄성계수 G는 80GPa이고, Wahl의 응력수정계수 식 , $K=\frac{4C-1}{4C-4}+\frac{0.615}{C}$, C는 스프링 지수를 적용한다.)

① 82　　② 98

❸ 133　　④ 152

A9) $d=5mm$
$D=25mm$
$W=P=200N$

$\tau_{max}=?MPa$

$C=\frac{25}{5}=5$
$G=80GPa$

$$K=\frac{4C-1}{4C-4}+\frac{0.615}{C}=\frac{20-1}{20-4}+\frac{0.615}{5}=1.311$$

$$\tau_{max}=K\cdot\frac{8PD}{\pi d^3}=1.311\times\frac{8\times200\times25}{\pi 5^3}=133.49N$$

Q10) 스프링에 150N의 하중을 가했을 때 발생하는 최대전단응력이 400 MPa이었다. 스프링 지수 C는 10이라고 할 때, 스프링 소선의 지름은 약 몇 mm인가? (단, 응력수정계수 $K=\frac{4C-1}{4C-4}+\frac{0.615}{C}$ 를 적용한다.)

❶ 3.3　　② 4.8　　③ 7.5　　④ 12.6

A10)
$W=P=150N$
$\tau_{max}=400MPa$
$C=10$
$d=?mm$
$K=\frac{4C-1}{4C-4}+\frac{0.615}{C}$

$$C=\frac{D}{d}=10,\ D=10d$$

$$K=\frac{4C-1}{4C-4}+\frac{0.615}{C}=\frac{40-1}{40-4}+\frac{0.615}{10}=1.145$$

$$\tau_{max}=K\cdot\frac{8PD}{\pi d^3}=K\cdot\frac{8P\times10d}{\pi d^3}=K\times\frac{8P\times10}{\pi d^2}$$

$$d=\sqrt{\frac{8KP\times10}{\pi\ \tau_{max}}}=\sqrt{\frac{8\times1.145\times150\times10}{\pi\times400}}=3.3$$

Q11) 코일 스프링에서 코일의 평균 지름은 32mm, 소선의 지름은 4mm이다. 스프링 소재의 허용 전단응력이 340MPa일 때 지지할 수 있는 최대 하중은 약 몇 N인가? (단, Wahl의 응력수정 계수 $K=\frac{4C-1}{4C-4}+\frac{0.615}{C}$, C는 스프링 지수를 적용한다.)

① 174　　② 198

❸ 225　　④ 246

3) 브레이크 이론

브레이크는 운동하고 있는 기계의 속도를 줄이거나 정지시키는 제동용 기계요소이다. 브레이크는 마찰력이 발생되는 작동부와 힘을 주는 조작부로 나뉜다. 에너지 관점에서 보면 마찰력을 이용하여 운동에너지를 열에너지로 변환시킴으로써 속도(운동에너지)를 감소시키는 장치이다.

(1) 마찰 브레이크

- 반경 방향으로 원주면을 밀어붙이는 브레이크 : 블록, 밴드, 내확(팽창) 브레이크
- 축 방향으로 밀어붙이는 브레이크 (원판, 원추, 축압 다판식 브레이크))

※ 내확(팽창) 브레이크 : 드럼을 캠기구나 유압으로 밀어붙임.

(2) 자동하중 브레이크 : 웜, 나사, 캠, 체인, 원심 브레이크 등

Q1) 기계의 운동 에너지를 마찰에 따른 열에너지 등으로 변환 · 흡수하여 속도를 감소시키는 장치는?

① 기어 ❷ 브레이크

③ 베어링 ④ V-벨트

Q2) 다음 중 자동하중 브레이크에 속하지 않는 것은?

① 나사 브레이크 ② 웜 브레이크

❸ 폴 브레이크 ④ 원심 브레이크

Q3) 다음 중 마찰력을 이용하는 브레이크가 아닌 것은?

① 블록 브레이크 ② 밴드 브레이크

❸ 폴 브레이크 ④ 내부확장식 브레이크

Q4) 블록 브레이크의 설명으로 틀린 것은?

❶ 큰 회전력의 전달에 알맞다.

② 마찰력을 이용한 제동장치이다.

③ 블록 수에 따라 단식과 복식으로 나뉜다.

④ 블록 브레이크는 회전장치의 제동에 사용된다.

Q5) 유체 클러치의 일종인 유체 토크 컨버터(Fluid torque converter)의 특징을 설명한 것 중 틀린 것은?

① 부하에 의한 원동기의 정지가 없다.

❷ 장치 내에 스테이터가 있을 경우 작동 효율을 97% 수준까지 올릴 수 있다.

③ 무단 변속이 가능하다.

④ 진동 및 충격을 완충하기 때문에 기계에 무리가 없다.

4) 브레이크 설계

(1) 브레이크의 종류

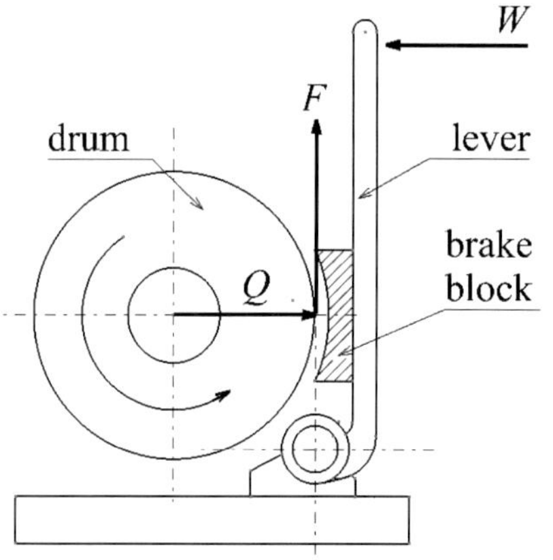

(a) 블록 브레이크

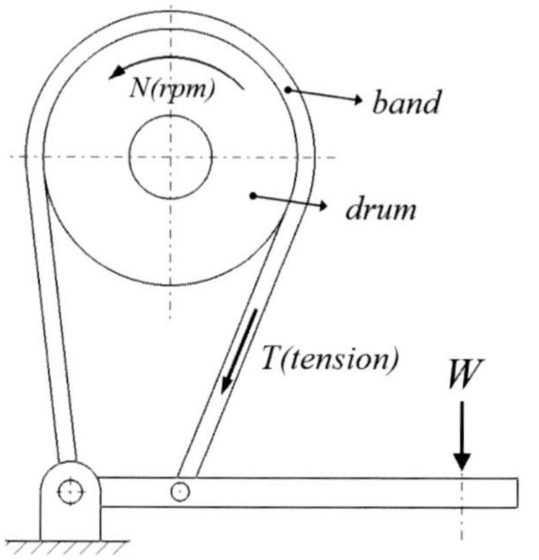

(b) 밴드 브레이크

〈브레이크의 종류〉

(2) 브레이크 제동력

$$F = \mu Q$$

F : 드럼에서의 접선력, Q : 드럼에 의한 반력, μ = 마찰계수, W : 레버를 누르는 힘

Q1) 브레이크 드럼 축에 600N · m의 토크가 작용하고 있을 때, 이 축을 정지시키는 데 필요한 제동력은 약 몇 N인가? (단, 브레이크 드럼의 지름은 450mm이다.)

❶ 2667 ② 4545 ③ 6000 ④ 8525

A1) $d=450mm$
$T=600N\cdot m$
$=600000N\cdot mm$
$F=?N$

$$F=\frac{2T}{d}=\frac{2\times 600000}{450}=2667N$$

Q2) 브레이크 드럼 축에 754N · m의 토크가 작용하면 축을 정지하는데 필요한 제동력은 약 몇 N인가? (단, 브레이크 드럼의 지름은 400mm이다.)

① 1920 ② 2770 ③ 3310 ❹ 3770

A1) $d=400mm$
$T=754N\cdot m$
$=754000N\cdot mm$
$F=?N$

$$F=\frac{2T}{d}=\frac{2\times 754000}{400}=3770N$$

Q3) 블록 브레이크 드럼이 20m/s의 속도로 회전하는데 블록을 500N의 힘으로 가압할 경우 제동 동력은 약 몇 kW인가? (단, 접촉부 마찰계수는 0.3이다.)

① 1.0 ② 1.7 ③ 2.3 ❹ 3.0

A3) $v=20m/s=1200m/\min$
$Q=500N=51kg_f$
$H_{kw}=?kW$
$\mu=0.3$

$$F=\mu Q=0.3\times 51=15.3$$

$$H_{kw}=\frac{F\cdot v}{102\cdot 60}$$

$$=\frac{15.3\times 1200}{102\cdot 60}=3kW$$

Q4) 드럼의 지름 600mm인 브레이크 시스템에서 98.1N · m의 제동 토크를 발생시키고자 할 때 블록을 드럼에 밀어붙이는 힘은 약 몇 kN인가? (단, 접촉부 마찰계수는 0.3이다.)

① 0.54 ❷ 1.09 ③ 1.51 ④ 1.96

A4) $d-600mm$
$T=98.1N\cdot m$
$=98100N\cdot mm$
$Q=?kN$
$\mu=0.3$

$$F=\frac{2T}{d}=\frac{2\times 98100}{600}=327N$$

$$Q=\frac{F}{\mu}=\frac{327}{0.3}=1090N=1.09kN$$

Q5) 밴드 브레이크에서 밴드에 생기는 인장응력과 관련하여 다음 중 옳은 관계식은? (단, σ: 밴드에 생기는 인장응력, F_1: 밴드의 인장측 장력, t : 밴드 두께, b : 밴드의 너비이다.)

① $\sigma = bF_t \times t$ ② $b = t \times \sigma / F_1$ ❸ $b = F_1 / t \times \sigma$ ④ $\sigma = F_1 \times t / b$

A5) $\sigma = \dfrac{F_1}{bt}$, $b = \dfrac{F_1}{t \times \sigma}$

Q6) 밴드 브레이크의 긴장 측 장력 7.99kN, 밴드 두께 2mm, 허용인장응력 78.48MPa일 때, 밴드의 폭은 약 몇 mm 이상이어야 하는가? (단, 이음 효율은 100%로 한다.)

① 43 ❷ 51 ③ 60 ④ 71

A6) $T = 7.99kN = 7990N$
$t = 2mm$
$\sigma = 78.48MPa$
$b = ?mm$

$$\sigma = \frac{T_t}{bt},\ b = \frac{T_t}{t \times \sigma} = \frac{7990}{2 \times 78.48} = 50.9mm$$

(3) 브레이크의 모멘트 평형

$\Sigma M = 0$ 이용, (아래 세 가지 힘에 의한 모멘트 평형을 이용함)

- 레버를 누르는 힘, W
- 드럼에 의한 반력, Q (레버를 누르는 힘과 반대 방향으로 밀어붙이는 힘)
- 접선력(제동력), F(회전 방향 접선력임)

$\Sigma M_0 = 0$

시계 방향 모멘트를 (+),

반시계 방향 모멘트를 (-)로

하여 평형방정식을 세우면,

$$Wa + Fc - Qb = 0$$

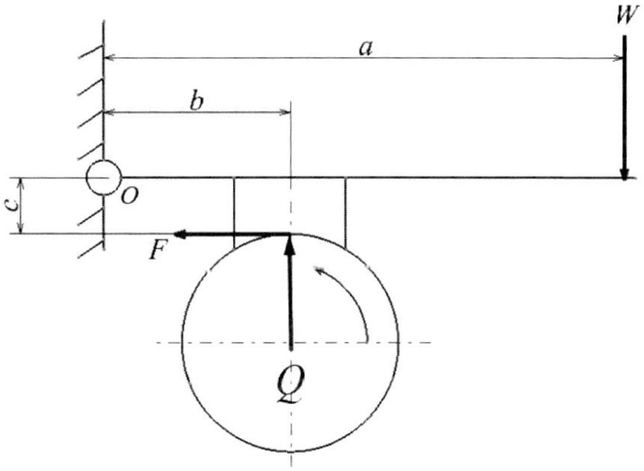

Q1) 그림과 같은 블록 브레이크에서 드럼축에 $156.96N \cdot m$의 제동 토크를 발생시키기 위해, 레버 끝에 $W = 980N$의 힘이 필요한 경우, 레버의 길이 a는 약 몇 mm인가? (단, 블록과 드럼사이 마찰 계수 μ=0.2이다.)

① 930 ② 1050 ③ 1140 ❹ 1260

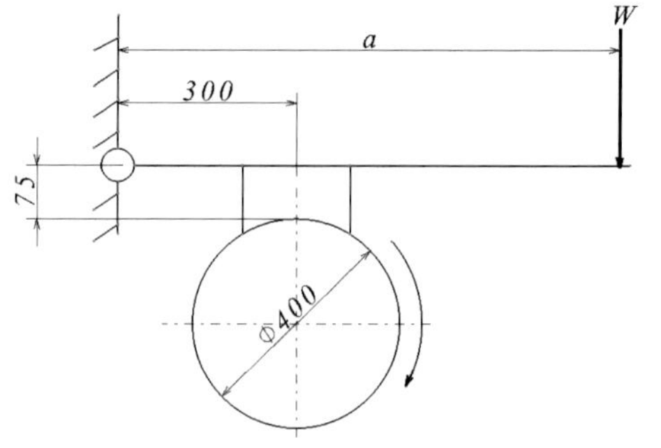

A1) $\Sigma M = 0$ 이용, (아래 세 가지 힘에 의한 모멘트 평형을 이용함)

- 레버를 누르는 힘, W
- 드럼에 의한 반력, Q (레버를 누르는 힘과 반대 방향 반력)
- 회전 방향 접선력(제동력), F

$T = 156.96N \cdot m$
$= 156960N \cdot mm$
$W = 980N$
$\mu = 0.2$

$$T = F \times \frac{D}{2},$$

$$F = \frac{2T}{D} = \frac{2 \times 156960}{400}$$

$$F = 784.8N$$

$$980\,a = 300Q + 75F$$

$$980\,a = 300 \times \frac{F}{\mu} + 75F$$

$$980\,a = 300 \times \frac{784.8}{0.2} + 75 \times 784.8$$

$$= 1236060$$

$$a = \frac{1236060}{980} = 1261mm$$

Q2) 그림과 같은 블록 브레이크에서 드럼축에 $156.96N \cdot m$의 제동 토크를 발생시키기 위해, 레버 끝에 $F = 980N$의 힘이 필요한 경우, 레버의 길이 a는 약 몇 mm인가? (단, 블록과 드럼 사이 마찰 계수 μ=0.2이다.)

① 93 0 ② 1050 ③ 1140 ❹ 1260

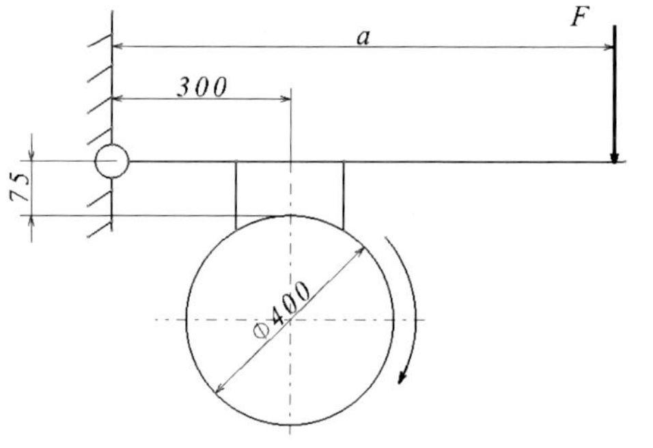

A2) Q2)는 Q1)과 동일한 문제인데 이와 같이 주어지는 기호가 통일되지 않고 출제자마다 다르게 출제하고 있기 때문에 문제 정의 단계에서 이 책에서 제시한 기호로 문제와 보기를 치환해 놓고 풀면 혼동을 줄일 것이다.

Q3) 그림과 같은 블록 브레이크에서 막대 끝에 작용하는 조작력 W와 브레이크의 제동력 F와의 관계식은? (단, 드럼은 반시계 방향 회전하고 마찰계수는 μ이다.)

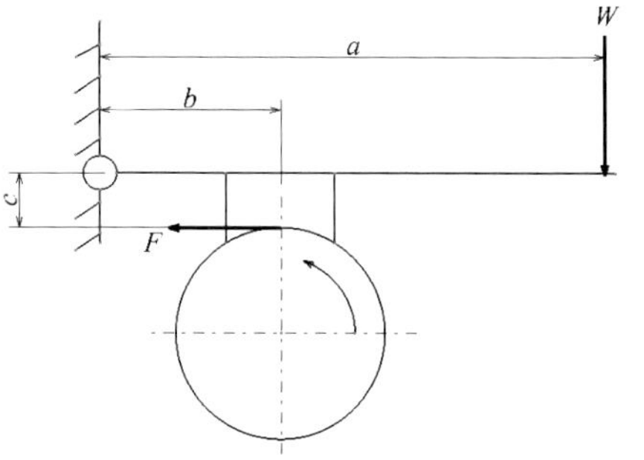

① $W=\frac{F}{a}(b-\mu c)$ ❷ $W=\frac{F}{\mu a}(b-\mu c)$

③ $W=\frac{F}{\mu a}(b+\mu c)$ ④ $W=\frac{F}{a}(b+\mu c)$

A3) $\Sigma M=0$ 이용, (아래 세 가지 힘에 의한 모멘트 평형을 이용함)

- 레버를 누르는 힘, W
- 드럼에 의한 반력, Q
- 회전 방향 접선력(제동력), F

$$Wa=Qb-Fc$$
$$Wa=\frac{F}{\mu}b-Fc$$
$$Wa=\frac{F}{\mu}(b-\mu c)$$
$$W=\frac{F}{\mu a}(b-\mu c)$$

Q4) 그림과 같은 블록 브레이크에서 막대 끝에 작용하는 조작력 F와 브레이크의 제동력 Q와의 관계식은? (단, 드럼은 반시계 방향 회전하고 마찰계수는 μ이다.)

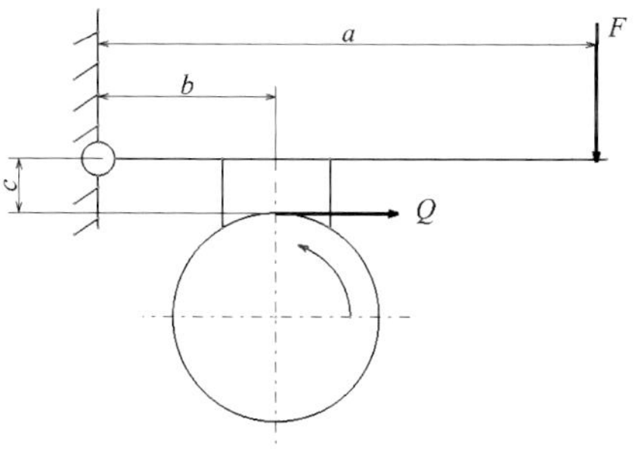

① $F=\frac{Q}{a}(b-\mu c)$ ❷ $F=\frac{Q}{\mu a}(b-\mu c)$

③ $F=\frac{Q}{\mu a}(b+\mu c)$ ④ $F=\frac{Q}{a}(b+\mu c)$

A4) Q4는 Q3)과 동일한 문제인데 이와 같이 주어지는 기호가 통일되지 않고 출제자마다 다르게 출제하고 있기 때문에 문제 정의 단계에서 이 책에서 제시한 기호로 문제와 보기를 치환해 놓고 풀면 혼동을 줄일 것이다.

Q5) 그림과 같은 블록 브레이크에서 드럼축이 우회전 할 때의 W를 W_1, 좌회전할 때의 W를 W_2라고 할 때 W_1/W_2의 값은 얼마인가?

❶ 1 ② 1.5 ③ 2 ④ 2.5

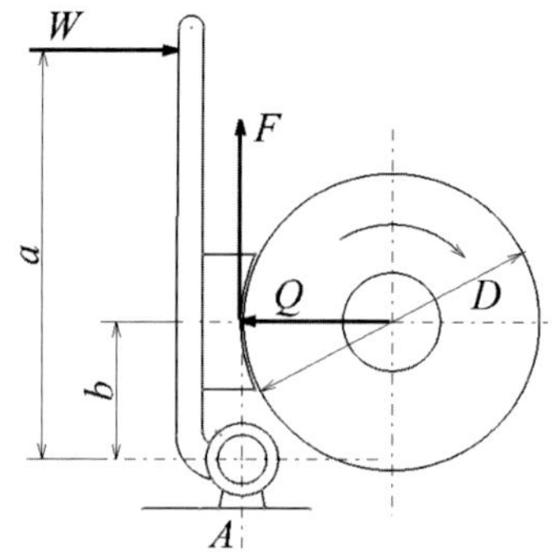

A5) 위 문제들처럼 모멘트 평형을 이용하여 풀이

Q6) 그림과 같은 블록 브레이크에서 드럼축이 우회전 할 때의 F를 F_1, 좌회전할 때의 F를 F_2라고 할 때 F_1/F_2의 값은 얼마인가?

❶ 1 ② 1.5 ③ 2 ④ 2.5

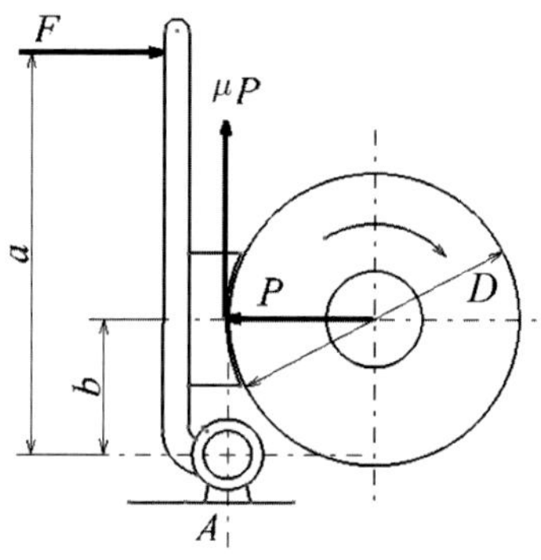

A6) 위 문제들처럼 모멘트 평형을 이용하여 풀이, 주어진 기호를 치환 후 풀이

(4) 브레이크 용량

: 단위 접촉면적에 작용하는 접선력에 의한 열량(=동력)

$$C = \frac{F}{A} \cdot v = \frac{\mu Q}{A} \cdot v = \mu \cdot p \cdot v,$$

$$F \cdot v = C \cdot A$$

$$H_{kw} = \frac{F \cdot v}{102 \cdot 60},$$

$$F \cdot v = 102 \cdot 60 \cdot H_{kw} = C \cdot A$$

μ : 접촉부 마찰계수, p : 브레이크 압력, v : 드럼의 원주 속도

Q1) 다음 중 브레이크 용량을 표시하는 식으로 옳은 것은? (단, μ는 마찰계수, p는 브레이크 압력, v는 브레이크륜의 주속이다.)

❶ $Q = \mu p v$ ② $Q = \mu p v^2$ ③ $Q = \mu p / v$ ④ $Q = \mu / pv$

A1) 브레이크 용량, $C = \mu p v$

Q2) 브레이크 용량(Brake capacity)을 구하는 식으로 옳은 것은?

① 마찰계수×접촉면적×회전 속도

② 마찰계수×접촉압력×접촉면적

❸ 마찰계수×접촉압력×회전 속도

④ 접촉면적×드럼 반지름×회전 속도

Q3) 블록 브레이크에서 브레이크 용량을 결정하는 요소로 거리가 먼 것은?

① 접촉부 마찰계수 ② 브레이크 압력 ③ 드럼의 원주 속도 ❹ 드럼의 용량

2 기계요소 설계

Q4) 어느 브레이크에서 제동 동력이 3kW이고, 브레이크 용량(brake capacity)을 0.8N/mm^2 · m/s라고 할 때 브레이크 마찰면적의 크기는 약 몇 mm^{2}인가?

① 3200 ② 2250 ③ 5500 ❹ 3750

A4) $H_{kw}=3kW$

$C=0.8N/mm^2 \cdot m/s$
$=\dfrac{60 \cdot 0.8}{9.8}kg_f \cdot m/\min$
$=4.9kg_f \cdot m/\min$

$A=?mm^2$

$$C=\frac{F}{A}\cdot v=\frac{\mu Q}{A}\cdot v=\mu \cdot p \cdot v,$$

$$F \cdot v=C \cdot A, \quad H_{kw}=\frac{F \cdot v}{102 \cdot 60}$$

$$F \cdot v=102 \cdot 60 \cdot H_{kw}$$

$$C \cdot A=102 \cdot 60 \cdot H_{kw}$$

$$A=\frac{102 \cdot 60 \cdot H_{kw}}{C}=\frac{102 cdto 60 \cdot 3}{4.9}=3747$$

Q5) 지름 30mm인 브레이크 드럼을 가진 밴드 브레이크의 접촉 길이가 706.5mm, 밴드의 폭이 20mm일 때, 제동력 3.7kW라면 이 밴드 브레이크의 용량(brake capacity)은 몇 N/mm^2 · m/s인가?

① 26.50 ② 0.324 ❸ 0.262 ④ 32.40

A5) $d=30mm$

$l=706.5mm$

$b=20mm$

$H_{kw}=3kW$

$C=?N/mm^2 \cdot m/s$

$$C=\frac{F}{A}\cdot v, \quad Fv=CA, \quad C=\frac{Fv}{A},$$

$$H_{kw}=\frac{F \cdot v}{102 \cdot 60}$$

$$F \cdot v=102 \cdot 60 \cdot H_{kw}=102 \cdot 60 \cdot 3.7=22644$$

$$C=\frac{Fv}{A}=\frac{Fv}{bl}=\frac{22644}{706.5 \cdot 20}=1.6kg_f/mm^2 \cdot m/\min$$

$$=9.8 \cdot 1.6N/mm^2 \cdot m/60s=0.262N/mm^2 \cdot m/s$$

Q6) 어떤 블록 브레이크 장치가 5.5kW의 동력을 제동할 수 있다. 브레이크 블록의 길이가 80mm, 폭이 20mm라면 이 브레이크의 용량은 몇 MPa · m/s인가?

❶ 3.4 ② 4.2 ③ 5.9 ④ 7.3

A6) $H_{kw}=55kW$

$l=80mm$
$b=20mm$

$C=?MPa \cdot m/s$

$$C=\frac{F}{A}\cdot v, \quad Fv=CA, \quad C=\frac{Fv}{A},$$

$$H_{kw}=\frac{F \cdot v}{102 \cdot 60}$$

$$F \cdot v=102 \cdot 60 \cdot H_{kw}=102 \cdot 60 \cdot 5.5=33660$$

$$C=\frac{Fv}{A}=\frac{Fv}{bl}=\frac{33660}{20 \cdot 80}=21.05kg_f/mm^2 \cdot m/\min$$

$$=9.8 \cdot 21.05N/mm^2 \cdot m/60s=3.44N/mm^2 \cdot m/s$$

2.6 관용 기계요소 (관이음, 밸브)

1) 관이음의 종류

- 플렌지이음 : 지름이 비교적 큰 관에 적용, 가장 많이 사용
- 나사이음 : 직관(소켓, 니플, 유니언), 방향 전환(엘보, 티, 크로스)
- 신축이음(Extension joint) : 열에 의한 신축 시, 배관 축의 변위 조정
- 패킹이음(신축이음의 일종) : 관에 나사를 내지 않음, 패킹 삽입 후 납으로 밀봉

Q1) 배관 도면에서 다음과 같이 배관이 표시되었을 때 이에 관한 설명 중 잘못된 것은?

SPPS 380-S-C 50×Sch40

① 압력배관용 탄소강관이다.

② 호칭 지름은 50이다.

③ 호칭 두께는 Sch40이다.

❹ 열간가공하여 이음매 없는 강관이다.

A1) SPPS : Steel Pipe for Pressure Service, 압력배관용 탄소강관으로서 이음매 없이 전기저항 용접으로 제조 후 냉간가공 및 풀림 처리함.

2) 밸브의 종류

(1) 정지 밸브

① 밸브 안에 흐르는 유체를 개폐

② 종류

- 리프트 밸브
- 글로브 밸브 : 밸브 본체가 유체 안에 잠겨, 유체 에너지 손실이 크나, 개폐를 빠르게 할 수 있고 본체와 시트 조합이 쉽다
- 슬루스 밸브(Sluice valve) : 밸브가 유체 안에 잠기지 않아 에너지 손실이 작음
- 앵글 밸브, 니들 밸브

(2) 체크 밸브 : 역류 방지용 밸브

(3) 이스케이프 밸브

① 파이프 안의 압력이 규정 이상이 되었을 때 자동적으로 작동하여 유체를 외부로 흐르게 하거나 원상태로 돌아가게 하는 밸브

② 종류

- 안전 밸브 : 보일러 내부 압력이 규정치 이상일 때 자동으로 증기를 뿜어내어 압력 상승 방지, 압력밥솥 원리
- 감압 밸브, 온도 조절 밸브

Q1) 구조는 간단하면서 복잡한 운동을 구현할 수 있는 기계요소로서 내연기관의 밸브 개폐기구 등에 사용되는 것은?

① 마찰차(Friction wheel) ② 클러치(clutch) ③ 기어(gear) ❹ 캠(cam)

3) 강관(Pipe) 두께(t) 설계

$$\sigma = \frac{F}{A_1} = \frac{F}{2tl}$$

$$p = \frac{F}{A_2} = \frac{F}{dl}$$

$$F = \sigma 2tl = pdl$$

$$\sigma = \frac{pd}{2t},$$

$$t = \frac{pd}{2\sigma} = \frac{pdS}{2\sigma\eta} + C$$

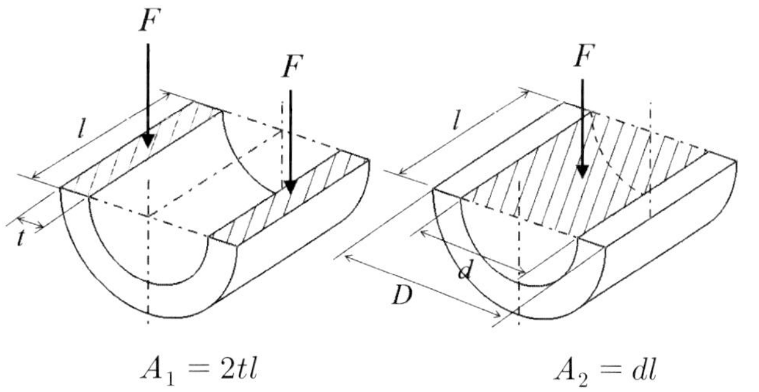

(a) 강관 두께에 수직응력 작용　　(b) 강관 내부에 압력 작용

σ: 강관 내부 반단면 양쪽 두께, $2tl$에 작용하는 응력으로 (a)의 경우이다.

p: 강관 내부 반단면, dl에 작용하는 압력으로 (b)의 경우이다.

t : 강관 두께, C: 부식 여유, η: 리벳이음의 효율, S: 안전율

Q1) 수압이 2.75MPa이고, 허용인장강도가 49.05MPa이며, 이음 효율이 70%인 강관의 바깥지름은 몇 mm 이상이어야 하는가? (단, 부식 여유는 1mm이고, 강관의 안지름은 580mm이다.)

① 582　　❷ 629　　③ 604　　④ 675

A6) $p = 2.75N/mm^2$
$\sigma = 49.05N/mm^2$
$\eta - 0.7$
$D = ?mm$
$C - 1mm$
$d - 580mm$

$$t = \frac{pdS}{2\sigma\eta} + C = \frac{2.75 \times 580}{2 \times 49.05 \times 0.7} + 1 = 24.23$$

$$D = d + 2t = 580 + 2 \times 24.23 = 628.5mm$$

Q2) 안지름이 500mm, 최고 사용압력이 $120N/cm^2$인 보일러 강판의 두께는 몇 mm 정도가 적당한가? (단, 강판의 인장 강도는 350MPa, 안전율은 4.75, 리벳이음의 효율, η=0.58로 하며, 부식 여유는 1mm로 한다.)

① 4.12　　② 6.05　　③ 13.76　　❹ 8.02

3. 기계설계 실무

3.1 축 설계 실무

3.2 동력 전달 장치 01 설계 실무

3.3 동력 전달 장치 02 설계 실무

3.4 동력 전달 장치 03 설계 실무

3.5 바이스 설계 실무

3 기계설계 실무

3.1 축 설계 실무

1) 축 설계 공식 정리

(1) 토크 1번식

- 회전체에서 힘과 지름이 주어졌을 때 비틀림 모멘트(Torque), $T = F \cdot \frac{d}{2}$
- $cf)$ 힘과 팔 길이가 주어졌을 때 굽힘 모멘트, $M = F \cdot l$
- 전단응력과 키의 제원이 주어졌을 때, $\tau = \frac{F}{A}$, $F = \tau \cdot A = \tau \cdot b \cdot l$
- 압축응력과 키의 제원이 주어졌을 때, $\sigma = \frac{F}{A}$, $F = \sigma \cdot A = \sigma \cdot \frac{h}{2} \cdot l$

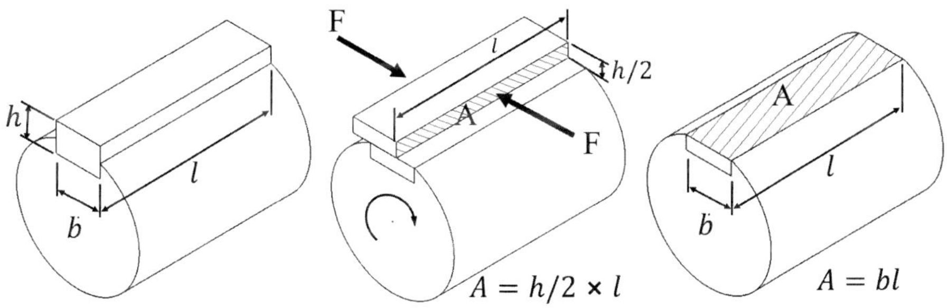

〈키에 작용하는 하중과 단면적〉

(2) 토크 2번식

- 동력으로 주어질 때, $T = 974000 \frac{H_{KW}}{N} (kg_f \cdot mm)$
- 마력으로 주어질 때, $T = 716200 \frac{H_{PS}}{N} (kg_f \cdot mm)$

* 동력과 회전수가 주어졌을 때 사용, 동력이 주어지면 반드시 힘과 전단응력은 kg_f로 변환함. (1번식과 3번식에서는 단위 통일만 함)

(3) 토크 3번식

전단 응력과 지름이 주어졌을 때, $T = \tau \cdot Z_p = \tau \cdot \frac{\pi d^3}{16}$

인장 응력과 지름이 주어졌을 때, $M = \sigma \cdot Z = \sigma \cdot \frac{\pi d^3}{32}$

F : 힘(kg_f), τ : 전단응력 (kg_f/mm^2),

T : 토크 ($kg_f \cdot mm$), M : 모멘트($kg_f \cdot mm$),

H : 동력(kW or ps),

b : 키의 너비 (mm), l : 키의 길이 (mm), d : 지름 (mm)

Z_p : 극단면계수$= \frac{\pi d^3}{16}$, Z : 단면계수$= \frac{\pi d^3}{32}$

(4) 인장과 전단, 굽힘 모멘트와 비틀림 모멘트가 동시에 주어지는 경우

- 상당 비틀림 모멘트, $T_e = \sqrt{M^2 + T^2}$ (최대 전단응력설, Tresca criterion)
- 상당 굽힘 모멘트, $M_e = \frac{(M + T_e)}{2}$ (최대 주응력설, Rankine criterion)
- 최대 전단응력, $\tau_{max} = \sqrt{(\frac{\sigma}{2})^2 + \tau^2}$ (최대 전단응력설, Tresca criterion)
- 최대 수직응력, $\sigma_{max} = \frac{\sigma}{2} + \tau_{max}$ (최대 주응력설, Rankine criterion)
- 전단 변형응력, $\tau_v = \frac{2}{\sqrt{3}}(\tau_{max})$ (전단 변형 에너지설, VonMises criterion)

* 1축 응력 상태일 때 최대 전단응력설에 의한 $\tau_{max} = \frac{1}{2}\sigma_y$ ($\tau = 0$이므로)

(5) 축의 강성에 의한 설계

: 지름에 비해 길이가 긴 전동축은 적당한 강성이 필요하다. 바하의 축공식에 의해 l = $1m$ 당 $\theta \leq \frac{1}{4}^{\circ}$ 로 설계한다.

$$비틀림각,\ \theta^{\circ} = \frac{Tl}{GI_p}, \quad \theta^{\circ} \times \frac{\pi}{180^{\circ}} = \frac{Tl}{GI_p}, \quad \theta(rad) = \frac{180^{\circ}}{\pi} \times \frac{Tl}{GI_p}$$

θ : 비틀림각($^{\circ}$), T : 토크($kg_f \cdot mm$), l : 축길이, G : 전단(횡)탄성계수(MPa),

I_p : 극관성 모멘트, $I_p = \frac{\pi d^3}{32}$

$$\theta - 0.25^{\circ} \times \frac{\pi(rad)}{180^{\circ}} = 0.0044(rad)$$

$$l = 1m = 1000mm$$

$$T = 974000\frac{H_{kw}}{N}$$

$$I_p = \frac{\pi d^4}{32}$$

연강의 전단탄성계수, G

$$G = 80\,GPa = 80 \times 10^3 N/mm^2$$
$$= 8.16 \times 10^3 kg_f/mm^2$$

$$\theta(rad) = \frac{974000 \times H_{kw} \times 32 \times l}{G \times \pi d^4 \times N}$$

$$0.0044 = \frac{974000 \times H_{kw} \times 32 \times 10^3}{8.16 \times 10^3 \times \pi \times d^4 \times N}$$

$$d = \sqrt[4]{276322485.9\frac{H_{kw}}{N}}$$

$$d = 129\sqrt[4]{\frac{H_{kw}}{N}} \approx 130\sqrt[4]{\frac{H_{kw}}{N}}$$

(6) 축의 위험 속도

: 축에 작용하는 굽힘 모멘트나 비틀림 모멘트의 회전수가 축의 고유 진동수와 일치하면 축은 공진을 일으켜 진폭이 점차 커지므로 파괴에 이른다. 따라서 축 위험 속도를 파악하여 공진을 일으키지 않도록 설계할 필요가 있다.

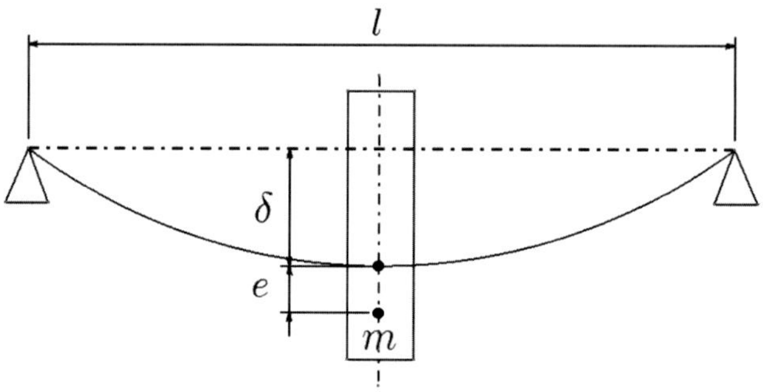

〈단순보의 처짐〉

- 회전체(기어, 풀리, 벨트장력)가 각속도, ω로 회전하여 δ만큼 처지면 원심력, F는 다음과 같다.

$$F = m \cdot a = m \cdot r \cdot \omega^2 = m \cdot \delta \cdot \omega^2 \qquad (1)$$

여기서 편심거리 e는 미소하다고 가정함.

- 탄성 회복력, F는 다음과 같다.

$$F = k \cdot \delta \qquad (2)$$

- 식 (1)과 식 (2)가 같다고 하면,

$$F = m \cdot \delta \cdot \omega^2 = k \cdot \delta$$

$$\omega = \sqrt{\frac{k}{m}} \qquad (3)$$

● 중력과 탄성력의 관계는 아래와 같다.

$$F = m \cdot g = k \cdot \delta$$

$$g = \frac{k \cdot \delta}{m}, \quad \frac{g}{\delta} = \frac{k}{m} \tag{4}$$

● 식 (3)과 식(4)로부터

$$\omega = \sqrt{\frac{g}{\delta}}\,(rad/s) \tag{5}$$

$$N = \omega \cdot \frac{1}{2\pi}(rev) \cdot \frac{60}{1(\mathrm{min})} = \frac{60}{2\pi}\sqrt{\frac{g}{\delta}}$$

$$- \frac{30}{\pi}\sqrt{\frac{g}{\delta}} = \frac{30}{\pi}\sqrt{\frac{9.8 \times 10^3}{\delta}}$$

g: 중력가속도$[9.8 \times 10^3 (mm/s)]$, δ: 처짐량(mm)

3 기계설계 실무

(7) 기어 역학

$F_t = F_n \cos\alpha$

(1)

$F_s = F_t \tan\alpha$

(2)

$$\sigma_b = \frac{F_t}{MbYf_v f_w}$$

(3)

F_t : 피치원상의 접선력

F_n : 치면에 작용하는 총 하중

F_s : 축 방향으로 작용하는 하중

F_v : 수직 방향 하중

F_h : 수평 방향하중

σ_b: 치면에서의 굽힘응력

α: 압력각

β: F_n과 F_h가 이루는 각

M: 모듈

b: 기어의 치폭

Y: 치형계수

f_v : 속도계수

f_w: 하중계수(충격계수)

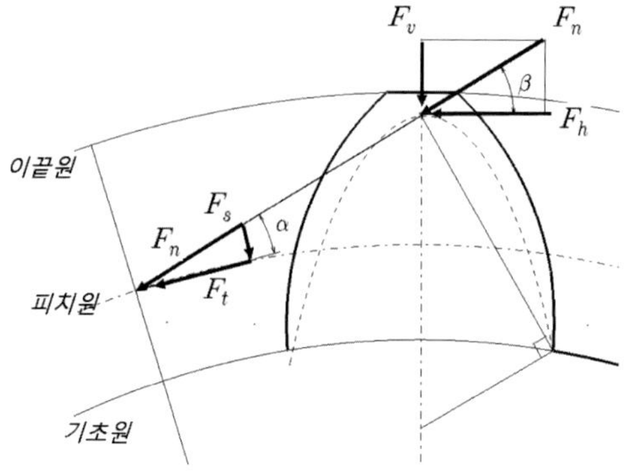

속도계수, f_v	
주조기어	$f_v = \dfrac{3.05}{3.05+v}$
밀링절삭	$f_v = \dfrac{6.1}{6.1+v}$
호빙기어	$f_v = \dfrac{3.56}{3.56+\sqrt{v}}$
연삭기어	$f_v = \sqrt{\dfrac{5.56}{5.56+\sqrt{v}}}$

모터나 터빈의 하중계수, f_w (AGMA)	
일정 하중	1
중간 충격	0.8
심한 충격	0.57
버킹햄 하중계수 (비교적 정숙한 하중)	0.8

2) 축 설계 실무

Q1) 길이 1.5m, 직경 50mm의 축 중앙에 풀리가 매달려 있다. 풀리 비중은 8.8, 축의 종탄성계수는 205.6GPa일 때 축의 처짐량과 위험 속도를 구하시오 (풀리 외경은 600mm, 두께는 250mm이다.)

A1)

$l = 1.5m = 1500mm$
$d = 50mm$
$S = 8.8$
$\gamma = 8.8 \times 10^3 \times 9.8 \times 10^{-9}$
$= 86.24 \times 10^{-6} MPa$
$E = 205 GPa$
$= 205 \times 10^3 MPa$
$D = 600mm$
$b = 250mm$

① 축 자중 고려 시 처짐

$F = \gamma \cdot V$

$\omega = \gamma \cdot A = 86.24 \times 10^{-6} \times \frac{\pi 50^2}{4} = 0.1693 N/mm$

$$\delta = \frac{5wl^4}{384EI} = \frac{5wl^4 \cdot 64}{384E\pi d^4} = \frac{5 \times 0.1693 \times 1500^4 \times 64}{384 \times 205.6 \times 10^3 \times \pi \times 50^4}$$
$$= 0.177mm$$

② 풀리 고려시 처짐

$$F = \gamma \cdot V = 86.24 \times 10^{-6} \times \frac{\pi D^2}{4} \times b$$
$$= 86.24 \times 10^{-6} \times \frac{\pi 600^2}{4} \times 250$$
$$= 6095.95N$$
$$\delta = \frac{Fl^3}{48EI} = \frac{Fl^3 \cdot 64}{48E\pi d^4} = 6095.95 \times 1500^3 \times$$

3 기계설계 실무

Q2) 베어링 간격 2000mm, 직경 50mm의 축 중앙에 784N의 회전체가 매달려 있다. 축의 종탄성계수는 210GPa, 밀도가 $0.00798kg/cm^3$이다. 축의 처짐량과 위험 속도를 구하시오

<table>
<tr><th>A2)</th><th></th></tr>
<tr><td>

$l = 2000mm$
$d = 50mm$
$F_{pulley} = 784N$
$\gamma_{shaft} = 0.00798kg_f/cm^3$
$= 7.98 \times 10^{-3} \times 9.8/10^3 mm^3$
$= 78.2 \times 10^{-6} MPa$
$E = 210GPa$
$= 210 \times 10^3 MPa$

</td><td>

① 축 자중 고려 시 처짐

$F = \gamma \cdot V$
$\omega = \gamma \cdot A = 78.2 \times 10^{-6} \times \frac{\pi 50^2}{4} = 0.154N/mm$
$\delta = \frac{5wl^4}{384EI} = \frac{5wl^4 \cdot 64}{384E\pi d^4} = \frac{5 \times 0.154 \times 2000^4 \times 64}{384 \times 210 \times 10^3 \times \pi \times 50^4}$
$= 0.497mm$

② 회전체 고려시 처짐

$\delta = \frac{Fl^3}{48EI} = \frac{Fl^3 \cdot 64}{48E\pi d^4} = \frac{784 \times 2000^3 \times 64}{48 \times 210 \times 10^3 \times \pi \times 50^4}$
$= 2.028mm$

③ 축의 위험 속도

$N_c = \frac{30}{\pi}\sqrt{\frac{g}{}}$

</td></tr>
</table>

Q3) 300rpm, 5kW를 전달하는 길이 1200mm 축의 끝에 100N의 풀리를 달았을 때 다음을 결정하시오. (단, 축은 외팔보 형태이며, 축의 허용전단응력은 5MPa이고, 축의 종탄성계수는 210GPa, 밀도는 $0.00798kg/cm^3$이다.)

(1) 축의 자중을 무시했을 때 최대 전단응력설을 고려하여 축 직경을 결정시오.

$N = 300rpm$
$H_{kw} = 5kw$
$l = 1200mm$
$d = ?mm$
$F_{pulley} = 100N$
$E = 210GPa$
$= 210 \times 10^3 MPa$

$$T = 974000 \times \frac{H_{kw}}{N} = 974000 \times \frac{5}{300}$$
$$= 16233.33kg_f \cdot mm = 159086.67N \cdot mm$$

$$M = F \times l = 100 \times 1200 = 120000N \cdot mm$$

$$T_e = \sqrt{M^2 + T^2} = \sqrt{120000^2 + 159086.67^2} = 199270.1N \cdot mm$$
$$T_e = \tau \cdot \frac{\pi d^3}{16}$$

$$d = \sqrt[3]{\frac{16 \cdot T_e}{\pi \cdot \tau}} = \sqrt[3]{\frac{16 \cdot 199270.1}{\pi \cdot 5}} = 58.77 \approx 60 \text{선정}$$

$cf.$ 축 강성에 의한 설계

$$d = 130 \sqrt[4]{\frac{H_{kw}}{N}} = 130 \sqrt[4]{\frac{5}{300}} = 46.7$$

∴ 결과를 비교하여 더 큰 값 선택

(2) 축의 자중과 풀리 자중을 고려하여 처짐량과 위험 속도를 구하시오.

$l = 1200mm$
$d = 60mm$
$F_{pulley} = 100N$
$E = 210GPa$
$= 210 \times 10^3 MPa$

$\gamma_{shaft} = 0.00798 kg_f/cm^3$
$= 7.98 \times 10^{-3} \times 9.8/10^3 mm^3$
$= 78.2 \times 10^{-6} MPa$

① 축 자중 고려 시 처짐

$F = \gamma \cdot V$

$\omega = \gamma \cdot A = 78.2 \times 10^{-6} \times \frac{\pi 50^2}{4} = 0.154 N/mm$

$\delta = \frac{wl^3}{8EI} = \frac{wl^3 \cdot 64}{8E\pi d^4} = \frac{0.22 \times 1200^3 \times 64}{8 \times 210 \times 10^3 \times \pi \times 60^4}$
$= 3.56 \times 10^{-4} mm$

② 회전체 고려시 처짐

$\delta = \frac{Fl^3}{3EI} = \frac{Fl^3 \cdot 64}{3E\pi d^4} = \frac{100 \times 1200^3 \times 64}{3 \times 210 \times 10^3 \times \pi \times 60^4}$
$= 0.43mm$

③ 축의 위험 속도

$N_c = \frac{30}{\pi} \sqrt{\ }$

(3) 설계된 축에 묻힘키를 설계하고자 한다. 키의 허용전단응력은 60MPa일 때 키의 폭을 결정하시오. (단 키의 길이는 20mm)

$\tau_k = 60MPa$ $l_k = 20mm$ $b_k = ?mm$	$T = F \times \frac{d}{2}$, $F = \frac{2T}{d} = \frac{2 \times 159086.67}{60} = 5302.89$ $\tau = \frac{F}{bl}$, $b = \frac{F}{\tau l} = \frac{5302.89}{60 \times 20} = 4.42$

(4) 키 홈의 깊이를 고려할 때의 축 직경을 구하시오. (단 키 홈이 없는 축과 키 홈이 있는 축의 비틀림비는 0.75이다.)

$\beta = 0.75$	$d = \sqrt[3]{\frac{16 \cdot T_e}{\pi \cdot \tau \cdot \beta}} = \sqrt[3]{\frac{16 \cdot 199270.1}{\pi \cdot 5 \cdot 0.75}} = 64.68$

(5) 키 홈의 비들림비를 고려할 때 키 홈의 깊이를 구하시오.

$\beta = 0.75$	$t = d' - d_{th} = 64.68 - 58.77 = 5.91$

(6) 10000시간 사용한다고 가정할 때 레이디얼 롤러 베어링의 부하용량, C를 구하시오.

$N = 300rpm$ $F_{pulley} = 100N$	$L_h = 500 \times (\frac{C}{P})^{\frac{10}{3}} \times \frac{33.3}{N}$ $C = \sqrt[\frac{3}{10}]{\frac{L_h \times P^{\frac{10}{3}} \times N}{500 \times 33.3}} = \sqrt[\frac{3}{10}]{\frac{10000 \times 100^{3.33} \times 300}{500 \times 33.3}} = 472N$

Q4) 베어링 간격 100mm의 내부에 축이 조립되어 있고, 왼쪽 베어링에서 왼쪽으로 외팔보 형태로 40mm 돌출되어 있으며 플렌지 커플링을 사용하여 전동기와 직렬로 연결되어 있다. 우측 베어링에서 오른쪽으로 60mm 간격을 두고 기어의 폭 중심축이 있다. 피니언과 기어는 중심 거리 100mm로 맞물려서 감속하고 있다. 아래 조건을 활용하여 기어와 키, 베어링 및 전동기를 설계하고 축을 도면화 작업 하시오. (표면 거칠기, 기하공차 포함)

설계 조건	문제 정의
기어 모듈 : 2 주동축 기어 잇수 : 36 기어 재질 : SCM415 감속비 : 1/4 주동축 치형계수(모듈기준) : 0.377 주조기어의 속도계수 : 3.05/(3.05+v) 기어 압력각 : 20° 키의 허용 압축응력 : 120MPa 축간 거리 : 180mm	기어 $M=2$ $i=0.25$ $Y_1=0.377$ $f_v=\frac{3.05}{3.05+v}$ $\alpha=20°$ $C=180mm$ $\sigma_a=120MPa$
축과 키의 재질 : S45C 항복응력 : 343MPa 전단응력 : 198MPa 정적 안전계수 : 3 세로탄성계수 : 200GPa 가로탄성계수 : 80GPa	축과 키 $l_s=200mm$ $\sigma_y=343MPa$ $S=3$ $\sigma_a=114MPa$ $\tau_a=66MPa$ $E=200GPa=200\times10^3MPa$ $G=80GPa=80\times10^3MPa$
사용 시간 : 10000hr	베어링 $L_h=4000hr$
최대출력토크 : 20Nm 출력축 회전수 : 120rpm 정, 역회전 사용	전동기 $T=20000N\cdot mm=2040.82kg_f\cdot mm$ $N_2=120rpm,\ N_1=480rpm$

(1) 전동기 설계

$$T = 974000\frac{H_{kw}}{N}$$

$$H_{kw} = \frac{T \cdot N}{974000} = \frac{20408.2 \times 480}{974000} = 1kW$$

(2) 기어 폭 설계

$C = 180mm$

① 원동축 피치원 지름, D_1

$$C = \frac{D_1 + D_2}{2} = \frac{M(Z_1 + Z_2)}{2} = \frac{M(Z_1 + 4Z_1)}{2} = \frac{M \times 5Z_1}{2}$$

$$C = 2.5 \times M \times Z_1, \quad Z_1 = \frac{C}{25 \times M} = \frac{180}{2.5 \times 2} = 36$$

$$D_1 = MZ_1 = 2 \times 36 = 72$$

② 기어 피치원에서의 접선력, F_t

$$v = \frac{\pi D_1 N_1}{1000} = \frac{\pi \times 72 \times 480}{1000} = 108.57m/\min = 1.81m/s$$

$$H_{kw} = \frac{F_t \cdot v}{102 \times 60}$$

$$F_t = \frac{102 \times 60 \times H_{kw}}{v} = \frac{102 \times 60 \times 1}{108.57} = 56.37kg_f = 552.42N$$

③ 축과 베어링 방향 하중, F_s

$$F_s = F_t \cdot \tan\alpha = 552.42 \times \tan 20 = 201.1N$$

④ 치면의 굽힘응력을 고려한 치폭 설계

$$f_v = \frac{3.05}{3.05 + 1.81} = 0.628$$

$$\sigma_b = \frac{F_t}{Mbf_v Y}$$

$$b = \frac{F_t}{\sigma_b M f_v Y}$$

$$= \frac{552.42}{120 \times 2 \times 0.628 \times 0.377}$$

$$= 9.7 \approx 10mm$$

기어 가공성을 고려하여 $14mm$로 한다.

(3) 축지름 설계

① 기어의 베어링 방향 하중에 의한 굽힘 모멘트, M

$$M = F_s \times l = 201.1 \times 60 = 12066\, N \cdot mm$$

② 최대 전단응력설에 의한 축지름, d

$$T_e = \sqrt{M^2 + T^2} = \sqrt{12066^2 + 20000^2} = 23357.83 N \cdot mm$$

$$T_e = \tau_a \frac{\pi d^3}{16}$$

$$d = \sqrt[3]{\frac{16 T_e}{\pi \tau_a}} = \sqrt[3]{\frac{16 \times 23357.83}{\pi \times 66}} = 12.2 mm$$

베어링 내경 규격을 고려하여 $15mm$로 선정

(4) 키 설계

① 키의 허용 전단응력을 고려한 키의 폭, b

기어폭을 고려하여 키의 길이를 20으로 한다.

$$\tau = \frac{F}{bl},\ T = F \times \frac{d}{2},\ F = \frac{2T}{d},\ \tau = \frac{2T}{dbl}$$

$$b = \frac{2T}{dl\tau} = \frac{2 \times 20000}{15 \times 14 \times 66} = 2.88 \approx 3mm$$

② 키의 허용 압축응력을 고려한 키의 높이, h

$$\sigma = \frac{2F}{hl},\ F = \frac{2T}{d},\ \sigma = \frac{2 \cdot 2T}{hld}$$

$$h = \frac{4T}{\sigma l d} = \frac{4 \times 20000}{114 \times 14 \times 15} = 3.3 \approx 4mm$$

$\therefore 3 \times 4$으로 설계

(5) 베어링 설계

① 모멘트 평형을 이용한 좌, 우측 베어링 작용 하중, R_l, R_r

$$\sum M_r = o$$
$$F_s \times 60 = R_l \times 100$$
$$R_l = \frac{F_s \times 60}{100} = \frac{201.1 \times 60}{100} = 120.66N$$

$$\sum F_y = o$$
$$F_s + R_l = R_r$$
$$201.1 + 120.66 = 321.76N$$

$R_l < R_r$ 이므로 베어링 작용 하중, $P = 321.76N$ 사용

② 베어링 부하 용량, C

$$L_h = 500 \times \left(\frac{C}{P}\right)^3 \times \frac{33.3}{N} \text{(볼베어링선정)}$$
$$C = \sqrt[3]{\frac{L_h \times P^3 \times N}{500 \times 33.3}} = \sqrt[3]{\frac{5000 \times 321.76^3 \times 480}{500 \times 33.3}} = 1687.1N$$

6305 베어링을 선정하고 안지름 $20mm$이므로 축 직경 $15mm$와 반경 방향 $2.5mm$ 단차를 준다.

(6) 기어의 반경 방향 하중을 고려한 처짐

$$\delta = \frac{F_s \times l^3}{3EI} = \frac{F_s \times l^3 \times 64}{3E\pi d^4} = \frac{201.1 \times 200^3 \times 64}{3 \times 200 \times 10^3 \pi 15^4} = 1.1mm$$

(7) 축의 위험 속도 (축의 자중은 고려하지 않음)

$$N_c = \frac{30}{\pi}\sqrt{\frac{g}{\delta}} = \frac{30}{\pi}\sqrt{\frac{9800}{1.1}} = 901.4rpm$$

$\therefore 900rpm$ 이상 사용하지 않는다.

(8) 비틀림 강성에 의한 축지름 설계(바흐의 축공식)

$$d = 130\sqrt[4]{\frac{H_{kw}}{N}} = 130\sqrt[4]{\frac{1}{480}} = 27.7mm$$

길이 $1m$를 넘는 장축에만 유효함.

3 기계설계 실무

3.2 동력전달장치 01 설계 실무

1) 설계적 접근 (Design approach)

(1) 경계 조건

Q1) 아래와 같은 외팔보 형태 외측 풀리, 단순보 형태 내측 기어 구조 동력전달장치의 설계를 수행하시오.

No.	Name
①	Housing
②	Shaft
③	Gear
④	Pulley
⑤	Bearing
⑥	Bush
⑦	Cover

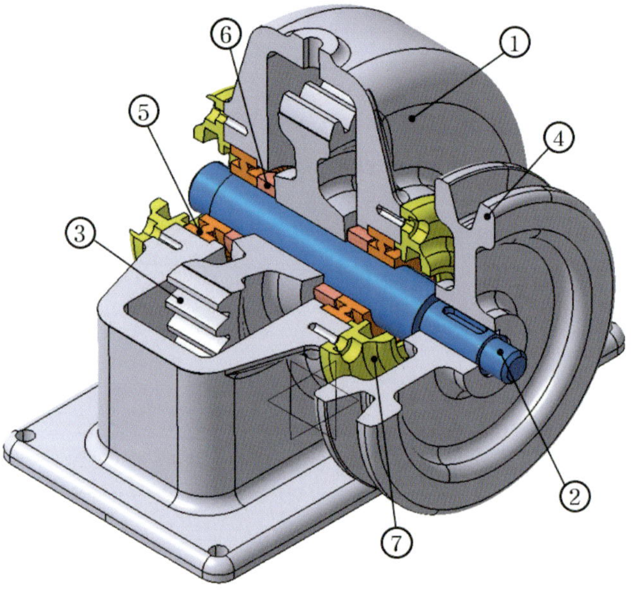

B.C)

Gear

$S45C$
$M=2$
$Z_1=36$
$Z_2=72$
$D_p=72mm$
$\alpha=20°$
$\sigma_{bm}=294MPa$
$\sigma_b=147MPa(S=2)$
$f_v=\dfrac{3.05}{3.05+v}$
$f_w=0.8$
$Y=0.377$

M: 기어의 모듈
Z_1 : 원동축 잇수
Z_2 : 종동축 잇수
D_p : 원동축 피치원 직경
α: 압력각
Y: 치형계수
f_v: 속도계수
σ_{bm}: 최대굽힘피로강도
σ_b: 허용굽힘피로강도
F_t : 접선력
b: 기어폭

Motor

$T=32000N \cdot mm$
$N=450rpm$

Pulley

$GC200$
$OD=78mm$
$D_p-72.6mm$
$e^{\mu\theta}=5$
$b=19mm$

OD: 풀리의 호칭경
D_p: 풀리의 피치원 직경
$e^{\mu\theta}$: 장력비
b : 풀리 폭

Shaft

$S45C$

$\sigma_u=569MPa$
$\sigma_y=343MPa$
$\tau_u=198MPa$
$\sigma_a=114MPa(S=3)$
$\tau_a=66MPa(S=3)$
$E=200GPa$

σ_u : 인장강도
σ_y : 항복강도
τ_u : 전단강도
σ_a: 허용수직응력
τ_a: 허용전단응력
E: 세로탄성계수

(2) 동력전달장치 01의 설계

① 전동기 설계

	$T = 32000N \cdot mm = 3265.3kg_f \cdot mm$ $T = 974000\dfrac{H_{kw}}{N}$ $H_{kw} = \dfrac{T \cdot N}{974000} = \dfrac{3265.3 \times 450}{974000} = 1.5kW$

② 기어 설계

굽힘을 고려한 기어 폭 설계	$T = F_t \cdot \dfrac{D_p}{2},\ F_t = \dfrac{2T}{D_p} = \dfrac{2 \times 32000}{72} = 888.9N$ $F_t = 888.9N$ $v = \dfrac{\pi \cdot D_p \cdot N}{1000} = \dfrac{\pi \cdot 72 \cdot 450}{1000} = 101.79m/\min = 1.7m/s$ $f_v = \dfrac{3.05}{3.05+v} = \dfrac{3.05}{3.05+1.7} = 0.642$ $Z = 36,\ \alpha = 20^\circ$ 인 경우 치형계수, $Y = 0.377$ $\sigma_b = 147MPa$ $\sigma_b = \dfrac{F_t}{m \cdot b \cdot f_v \cdot f_w \cdot Y}$ $b = \dfrac{F_t}{\sigma_b \cdot m \cdot b \cdot f_v \cdot f_w \cdot Y} = \dfrac{888.9}{147 \times 2 \times 0.642 \times 0.8 \times 0.377}$ $= 15.6 \approx 16mm$

③ 기어의 축과 베어링 방향 하중, F_g

	$T = F_t \cdot \dfrac{D_p}{2},\ F_t = \dfrac{2T}{D_p} = \dfrac{2 \times 32000}{72} = 888.9N$ $F_g = F_t \cdot \tan\alpha = 888.9 \times \tan 20 = 323.5N$

④ 풀리의 축과 베어링 방향 하중, F_p

$$T = F_t \cdot \frac{D_p}{2},\quad F_t = \frac{2T}{D_p} = \frac{2 \times 32000}{72.6} = 881.5N$$

$$e^{\mu\theta} = \frac{T_t}{T_s},\quad T_s = \frac{T_t}{e^{\mu\theta}} = \frac{881.5}{5} = 176.3N$$

동일한 크기의 풀리이고 접촉각, $\theta = 180^{\circ}$ 일 때,
풀리의 축과 베어링 방향 하중,

$$F_p = T_t + T_s = 881.5 + 176.3 = 1057.8N$$

⑤ 베어링 반력, F_{b1}, F_{b2}

$$\sum M_{b1} = 0,\quad 323.5 \times 22 + 1057.8 \times 71 = F_{b2} \times 44$$

$$F_{b2} = 1868.7N$$

$$\sum F_y = 0,\quad 1868.7 - F_{b1} - 323.5 - 1057.8 = 0$$

$$F_{b1} = 1868.7 - 323.5 - 1057.8 = 487.4N$$

⑥ 최대 굽힘 모멘트, M_{max}

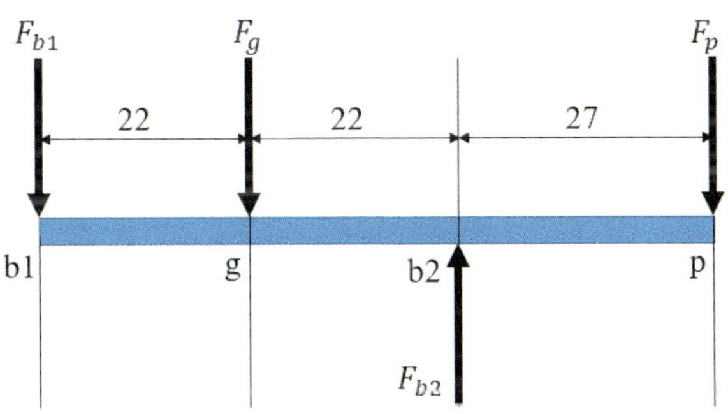

최대 굽힘 모멘트는 b_2 지점(우측 베어링)에서 작용함.

$$M_{max} = -F_{b1} \times 44 - F_g \times 22$$

$$= -487.4 \times 44 - 323.5 \times 22$$

$$= -28562.6N \cdot mm$$

3 기계설계 실무

⑦ 축지름 설계

$M_{\max} = 28562.6N \cdot mm,\ T = 32000N \cdot mm$

① 최대 전단응력설에 의한 축지름

$$T_e = \sqrt{M^2 + T^2} = \sqrt{28562.6^2 + 32000^2} = 42893.1N \cdot mm$$

$$T_e = \tau_a \cdot \frac{\pi d^3}{16},\quad d = \sqrt[3]{\frac{16 \cdot T_e}{\pi \cdot \tau_a}} = \sqrt[3]{\frac{16 \cdot 42893.1}{\pi \cdot 66}} = 14.9 \approx 15mm$$

② 최대 주응력설에 의한 축지름

$$M_e = \frac{M + T_e}{2} = \frac{28562.6 + 42893.1}{2} = 35727.85N \cdot mm$$

$$M_e = \sigma_a \cdot \frac{\pi d^3}{32},\quad d = \sqrt[3]{\frac{32 \cdot M_e}{\pi \cdot \sigma_a}} = \sqrt[3]{\frac{32 \cdot 35727.85}{\pi \cdot 114}} = 14.7 \approx 15mm$$

⑧ 베어링 설계

$F_{b1} < F_{b2} = 1868.7N$ 사용.

$$L_h = 500\left(\frac{C}{P}\right)^3 \times \frac{33.3}{N}$$

$$C = \sqrt[3]{\frac{L_h \times P^3 \times N}{500 \times 33.3}} = \sqrt[3]{\frac{10000 \times 1868.7^3 \times 450}{500 \times 33.3}} = 12082N = 1232.9kg_f$$

도표 편람에서 베어링의 기본 동정격하중에 해당하는 안지름 크기를 찾음.
계산 값대로 하면 6204 ($d = 20mm$)이나
축지름 고려하여 6202 ($d = 15mm$) 선정

6202의 $C = 780kg_f = 7644N$

$$\therefore L_h = 500\left(\frac{C}{P}\right)^3 \times \frac{33.3}{N}$$

$$= 500\left(\frac{7644}{1858.1}\right)^3 \times \frac{33.3}{N} = 2576hr \text{ 예상됨.}$$

⑨ 키 설계

① 허용전단응력 고려 시, 키 폭, b

$$b=\frac{2T}{d\cdot l\cdot \tau_a}=\frac{2\times 32000}{15\times 16\times 66}=4mm$$

② 허용압축응력 고려 시, 키 높이, h

$$b=\frac{4T}{d\cdot l\cdot \sigma_a}=\frac{4\times 32000}{15\times 16\times 114}=4.7mm$$

$\therefore 5\times 5$로 선정

⑩ 최대 변형량, $\delta_{\max}$

① p 지점(풀리)에서 처짐량

$$\delta_p=\frac{F_p\cdot l^3}{3EI}=\frac{F_p\cdot l^3\cdot 64}{3E\cdot \pi\cdot d^4}=\frac{1057.8\times 27^3\times 64}{3\times 200\times 10^3\times \pi\times 15^4}=0.014mm$$

② g 지점(기어)에서 처짐량

$$\delta_g=\frac{F_g\cdot l^3}{48EI}=\frac{F_g\cdot l^3\cdot 64}{48E\cdot \pi\cdot d^4}=\frac{323.5\times 44^3\times 64}{48\times 200\times 10^3\times \pi\times 15^4}=0.001mm$$

$\therefore \delta_{\max}=0.014mm$

⑪ 축의 위험 속도 (축의 자중은 고려하지 않음)

$$N_c=\frac{30}{\pi}\sqrt{\frac{g}{\delta}}=\frac{30}{\pi}\sqrt{\frac{9800}{0.014}}=7989.5rpm$$

$\therefore 7989rpm$ 이상 사용하지 않는다.

⑫ 비틀림 강성에 의한 축지름 설계 (바하의 축공식)

$$d=130\sqrt[4]{\frac{H_{kw}}{N}}=130\sqrt[4]{\frac{1.5}{450}}=31.2mm$$

길이 $1m$를 넘는 장축에만 유효함.

2) 해석적 접근 (Analysis approach)

(1) 경계 조건

Q1) 아래와 같은 외팔보 형태 외측 풀리, 단순보 형태 내측 기어 구조 동력전달장치의 구조 해석을 수행하시오.

No.	Name
①	Housing
②	Shaft
③	Gear
④	Pulley
⑤	Bearing
⑥	Bush
⑦	Cover

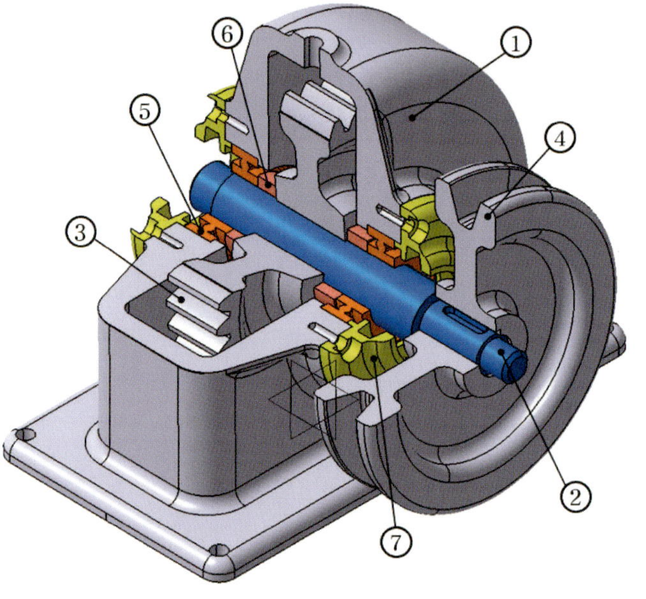

B.C)

Gear	Pulley
$S45C$ $M=2$ $Z_1=36$ $Z_2=72$ $D_p=72mm$ $\alpha=20°$ $\sigma_{bm}=294MPa$ $\sigma_b=147MPa(S=2)$ $f_v=\frac{3.05}{3.05+v}$ $f_w=0.8$ $Y=0.377$ M: 기어의 모듈 Z_1 : 원동축 잇수 Z_2 : 종동축 잇수 D_p : 원동축 피치원 직경 α: 압력각 Y: 치형계수 f_v: 속도계수 σ_{bm}: 최대굽힘피로강도 σ_b: 허용 굽힘피로강도 F_t : 접선력 F_g : 축과 베어링 방향으로 작용하는 하중	$GC200$ $OD=78mm$ $D_p=72.6mm$ $e^{\mu\theta}=5$ $b=19mm$ OD: 풀리의 호칭경 D_p: 풀리의 피치원 직경 $e^{\mu\theta}$: 장력비 b : 풀리 폭
	Motor
	$H_{kw}=1.5kW,\ N=450rpm$
	Shaft
	$S45C$ $d=15mm$ $\sigma_u=569MPa$ $\sigma_y=343MPa$ $\tau_u=198MPa$ $\sigma_a=114MPa(S=3)$ $\tau_a=66MPa(S=3)$ $E=200GPa$ d: 축 직경 σ_u : 인장강도 σ_y : 항복강도 τ_u : 전단강도 σ_a: 허용수직응력 τ_a: 허용전단응력 E: 세로탄성계수

(2) 동력전달장치 01의 구조 해석

① 축의 전달 토크, T

$$T = 974000\frac{H_{kw}}{N}$$
$$= 974000\frac{1.5}{450} = 3246.67kg_f \cdot mm = 31817.3N \cdot mm$$

② 기어의 축과 베어링 방향 하중, F_g

$$T = F_t \cdot \frac{D_p}{2}, \quad F_t = \frac{2T}{D_p} = \frac{2 \times 31817.3}{72} = 883.8N$$
$$F_g = F_t \cdot \tan\alpha = 883.8 \times \tan 20 = 321.7N$$

③ 풀리의 축과 베어링 방향 하중, F_p

$$T = F_t \cdot \frac{D_p}{2}, \quad F_t = \frac{2T}{D_p} = \frac{2 \times 31817.3}{72.6} = 876.51N$$
$$e^{\mu\theta} = \frac{T_t}{T_s}, \quad T_s = \frac{T_t}{e^{\mu\theta}} = \frac{876.51}{5} = 175.3N$$

동일한 크기의 풀리이고 접촉각, $\theta = 180°$ 일 때,
풀리의 축과 베어링 방향 하중,

$$F_p = T_t + T_s = 876.51 + 175.3 = 1051.8N$$

④ 베어링 반력, F_{b1}, F_{b2}

$$\sum M_{b1} = 0, \quad 321.7 \times 22 + 1051.8 \times 71 = F_{b2} \times 44$$
$$F_{b2} = 1858.1N$$
$$\sum F_y = 0, \quad 1858.1 - F_{b1} - 321.7 - 1051.8 = 0$$
$$F_{b1} = 1858.1 - 321.7 - 1051.8 = 484.6N$$

⑤ 최대 굽힘 모멘트, M_{max}

최대 굽힘 모멘트는 b_2 지점 (우측 베어링)에서 $-28399.8N \cdot mm$

M_{max}
$=-484.6 \times 44$
-321.7×22
$=28399.8N \cdot mm$

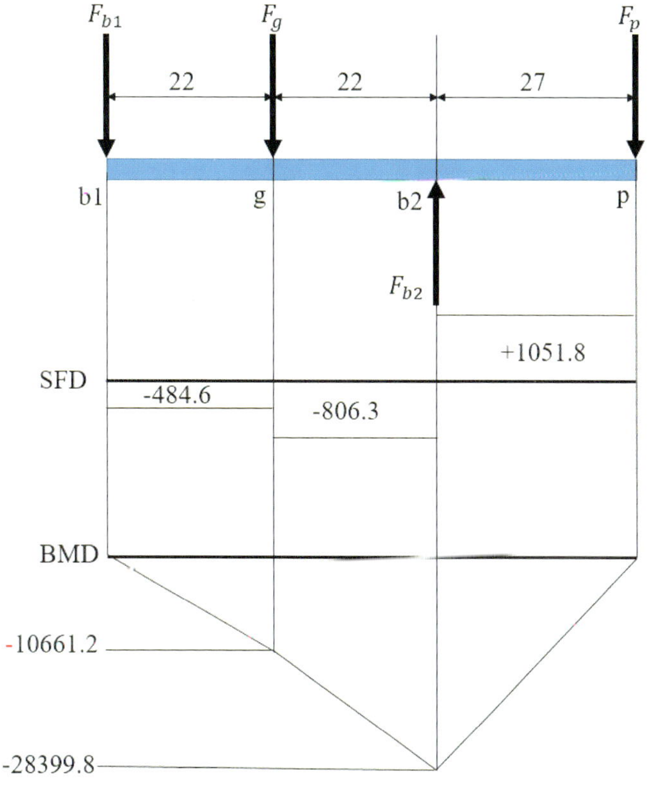

⑥ 최대 굽힘 응력과 전단응력

$$\sigma_b = \frac{M}{Z} = \frac{M \times 32}{\pi \cdot d^3} = \frac{28399.8 \times 32}{\pi \times 15^3} = 85.1MPa$$

$$\tau = \frac{T}{Z_p} = \frac{T \times 16}{\pi \cdot d^3} = \frac{31817.3 \times 16}{\pi \cdot 15^3} = 48MPa$$

⑦ 최대 주응력, σ_{max}

$$\sigma_{max} = \frac{\sigma_b}{2} + \sqrt{(\frac{\sigma_b}{2})^2 + \tau^2} = \frac{85.1}{2} + \sqrt{(\frac{85.1}{2})^2 + 48^2} = 106.7MPa$$

$$S = \frac{\sigma_y}{\sigma_{max}} = \frac{343}{106.7} = 3.2$$

⑧ 최대 변형량, $\delta_{\max}$

① p 지점(풀리)에서 처짐량

$$\delta_p = \frac{F_p \cdot l^3}{3EI} = \frac{F_p \cdot l^3 \cdot 64}{3E \cdot \pi \cdot d^4} = \frac{1051.8 \times 27^3 \times 64}{3 \times 200 \times 10^3 \times \pi \times 15^4} = 0.014mm$$

② g 지점(기어)에서 처짐량

$$\delta_g = \frac{F_g \cdot l^3}{48EI} = \frac{F_g \cdot l^3 \cdot 64}{48E \cdot \pi \cdot d^4} = \frac{321.7 \times 44^3 \times 64}{48 \times 200 \times 10^3 \times \pi \times 15^4} = 0.001mm$$

$$\therefore \delta_{\max} = 0.014mm$$

⑨ 자유 물체도 (FBD)의 FEM 해석

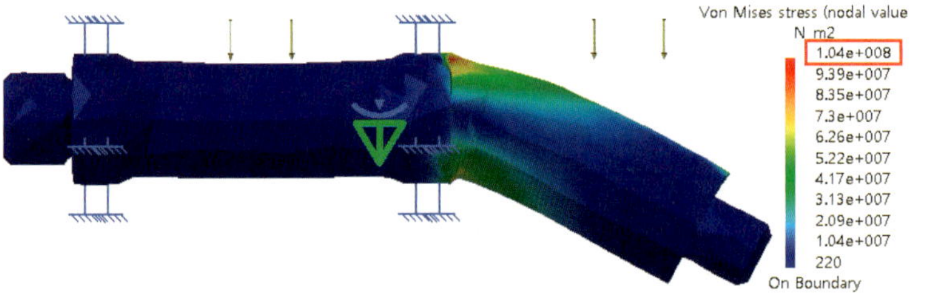

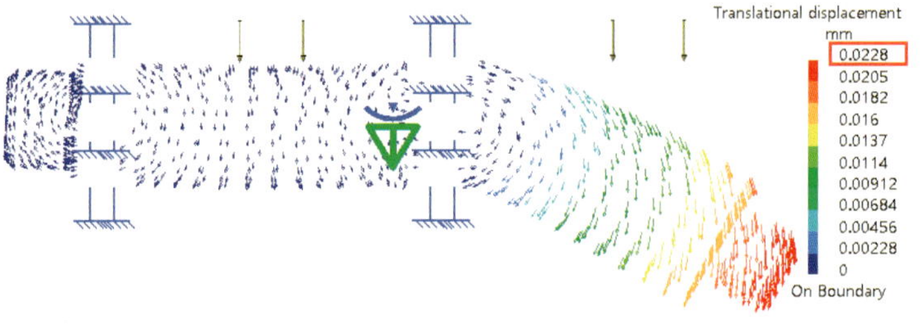

해석 결과

$$\sigma_{ana} = 104MPa$$

$$E_\sigma(\%) = \frac{|\sigma_{th} - \sigma_{ana}|}{\sigma_{th}} = \frac{|106.7 - 104|}{106.7} = 2.5\%$$

$$\delta_{ana} = 0.022mm$$

$$E_\delta = |\delta_{th} - \delta_{ana}| = |0.014 - 0.022| = 0.008mm$$

⑩ 조립 모델링(*Assembly modeling*)의 FEM 해석

조립 모델링은 키홈, 단차, 볼트, 너트 등 요소가 복합되므로 자유 물체도에서 계산한 이론값과 응력 해석값은 약 19%의 오차가, 변형량은 0.032mm의 오차가 발생함.

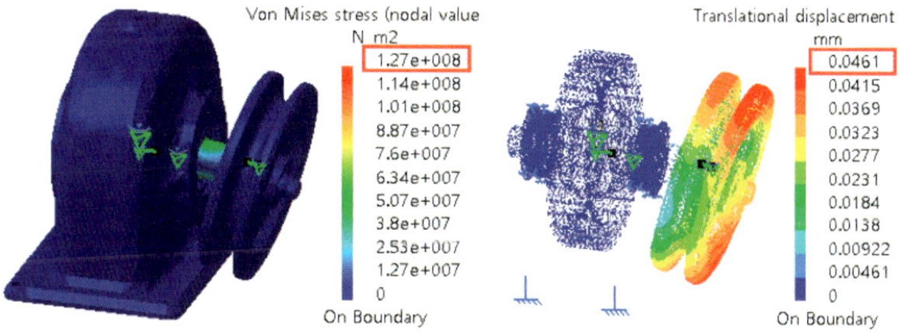

해석 결과

$$\sigma_{ana} = 127MPa$$

$$E_{\sigma}(\%) = \frac{|\sigma_{th} - \sigma_{ana}|}{\sigma_{th}} = \frac{|106.7 - 127|}{106.7} = 19\%$$

$$\delta_{ana} = 0.046mm$$

$$E_{\delta} = |\delta_{th} - \delta_{ana}| = |0.014 - 0.046| = 0.032mm$$

3.3 동력전달장치 02 설계 실무

1) 경계 조건

Q1) 아래와 같은 양단 외팔보 형태 외측 기어, 외측 풀리 구조 동력전달장치의 구조 해석을 수행하시오.

No.	Name
①	Housing
②	Shaft
③	Gear
④	Pulley
⑤	Bearing
⑥	Cover

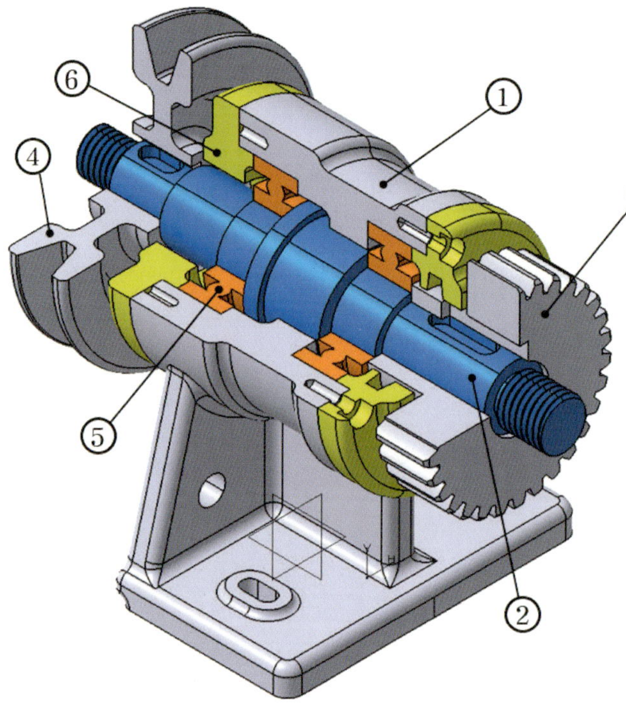

B.C)

<table>
<tr><th>Gear</th><th>Pulley</th></tr>
<tr><td rowspan="5">$S45C$
$M=2$
$Z_1=30$
$Z_2=60$
$D_p=60mm$
$\alpha=20^\circ$
$\sigma_{bm}=294MPa$
$\sigma_b=147MPa(S=2)$
$f_v=\dfrac{3.05}{3.05+v}$
$f_w=0.8$
$Y=0.358$

M: 기어의 모듈
Z_1 : 원동축 잇수
Z_2 : 종동축 잇수
D_p : 원동축 피치원 직경
α: 압력각
Y: 치형계수
f_v: 속도계수
σ_{bm}: 최대 굽힘 피로강도
σ_b: 허용 굽힘 피로강도
F_t : 접선력
F_g : 축과 베어링 방향으로 작용하는 하중</td>
<td>$GC200$
$OD=88mm$
$D_p=82.6mm$
$e^{\mu\theta}=5$
$b=20mm$

OD: 풀리의 호칭경
D_p: 풀리의 피치원직경
$e^{\mu\theta}$: 장력비
b : 풀리 폭</td></tr>
<tr><th>Motor</th></tr>
<tr><td>$H_{kw}=1.5kW,\ N=450rpm$</td></tr>
<tr><th>Shaft</th></tr>
<tr><td>$S45C$
$d=20mm$
$\sigma_u=569MPa$
$\sigma_y=343MPa$
$\tau_u=198MPa$
$\sigma_a=114MPa(S=3)$
$\tau_a=66MPa(S=3)$
$E=200GPa$

d: 축 직경
σ_u : 인장강도
σ_y : 항복강도
τ_u : 전단강도
σ_a: 허용수직응력
τ_a: 허용전단응력
E: 세로탄성계수</td></tr>
</table>

2) 동력전달장치 02의 구조해석

(1) 축의 전달 토크, T

$$T = 974000\frac{H_{kw}}{N}$$
$$= 974000\frac{1.5}{450} = 3246.67kg_f \cdot mm = 31817.3N \cdot mm$$

(2) 기어의 축과 베어링 방향 하중, F_g

$$T = F_t \cdot \frac{D_p}{2},\ \ F_t = \frac{2T}{D_p} = \frac{2\times 31817.3}{60} = 1060.58N$$
$$F_g = F_t \cdot \tan\alpha = 1060.58\times \tan 20 = 386N$$

(3) 풀리의 축과 베어링 방향 하중, F_p

$$T = F_t \cdot \frac{D_p}{2},\ \ F_t = \frac{2T}{D_p} = \frac{2\times 31817.3}{82.6} = 770.39N$$
$$e^{\mu\theta} = \frac{T_t}{T_s},\ \ T_s = \frac{T_t}{e^{\mu\theta}} = \frac{770.39}{5} = 154.1N$$
$$F_p = T_t + T_s = 770.39 + 154.1 = 924.47N$$

동일한 크기의 풀리이고 접촉각, $\theta = 180°$ 일 때,

풀리의 축과 베어링 방향 하중,

$$F_p = T_t + T_s = 770.39 + 154.1 = 924.47N$$

(4) 베어링 반력, $F_{b1},\ F_{b2}$

$$\sum M_{b1} = 0,\ \ 924.47\times 39 = F_{b2}\times 39 + 386\times 75$$
$$F_{b2} = 182.16N$$
$$\sum F_y = 0,\ \ F_{b1} - 924.47 - 182.16 - 386 = 0$$
$$F_{b1} = 1492.63N$$

(5) 최대 굽힘 모멘트, M_{max}

최대 굽힘 모멘트는 b_1 지점 (좌측 베어링)에서 $-36054.33N \cdot mm$ M_{max} $= -924.47 \times 39$ $= -36054.33 N \cdot mm$	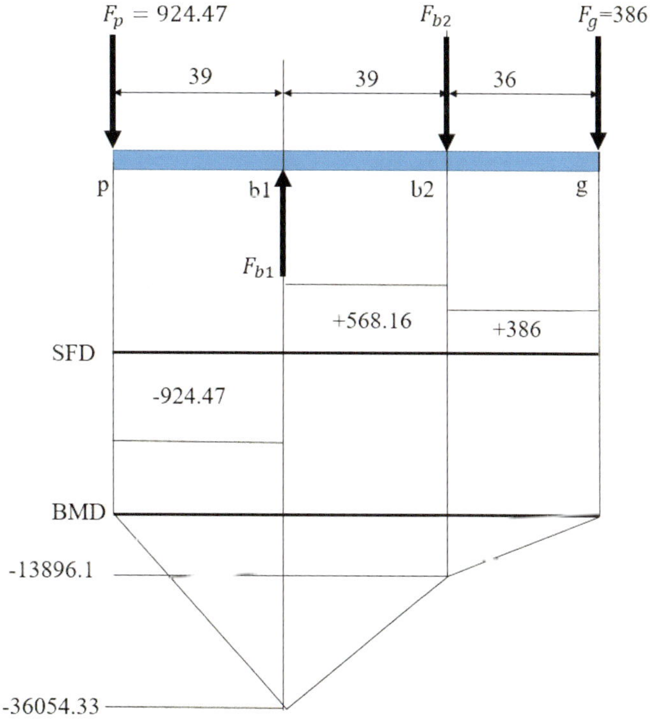

(6) 최대 굽힘 응력과 전단응력

$$\sigma_b = \frac{M}{Z} = \frac{M \times 32}{\pi \cdot d^3} = \frac{36054.33 \times 32}{\pi \times 20^3} = 45.9MPa$$

$$\tau = \frac{T}{Z_p} = \frac{T \times 16}{\pi \cdot d^3} = \frac{31817.3 \times 16}{\pi \cdot 20^3} = 20.3MPa$$

(7) 최대 주응력, σ_{max}

$$\sigma_{max} = \frac{\sigma_b}{2} + \sqrt{(\frac{\sigma_b}{2})^2 + \tau^2} = \frac{45.9}{2} + \sqrt{(\frac{45.9}{2})^2 + 20.3^2} = 53.6MPa$$

$$S = \frac{\sigma_y}{\sigma_{max}} = \frac{343}{53.6} = 6.4$$

(8) 최대 변형량, $\delta_{\max}$

① p 지점(풀리)에서 처짐량

$$\delta_p = \frac{F_p \cdot l^3}{3EI} = \frac{F_p \cdot l^3 \cdot 64}{3E \cdot \pi \cdot d^4} = \frac{924.47 \times 39^3 \times 64}{3 \times 200 \times 10^3 \times \pi \times 20^4} = 0.011mm$$

② g 지점 (기어)에서 처짐량

$$\delta_g = \frac{F_g \cdot l^3}{3EI} = \frac{F_g \cdot l^3 \cdot 64}{3E \cdot \pi \cdot d^4} = \frac{386 \times 36^3 \times 64}{3 \times 200 \times 10^3 \times \pi \times 20^4} = 0.004mm$$

$\therefore \delta_{\max} = 0.011mm$

(9) 자유 물체도(FBD)의 FEM 해석

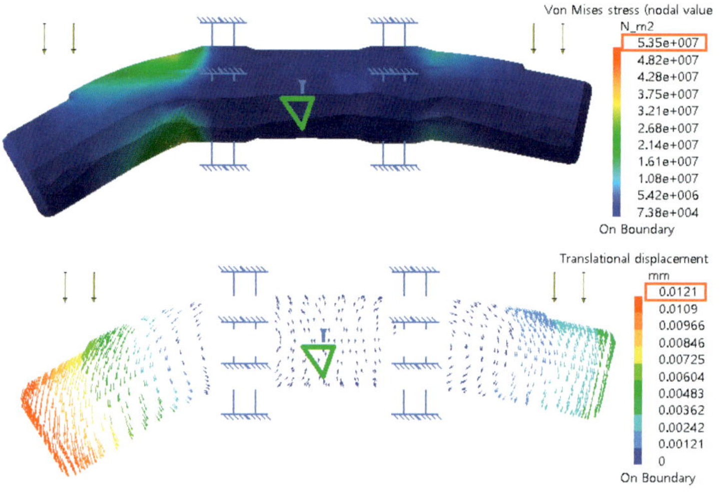

해석 결과

$\sigma_{ana} = 53.5MPa$

$$E_\sigma(\%) = \frac{|\sigma_{th} - \sigma_{ana}|}{\sigma_{th}} = \frac{|53.6 - 53.5|}{53.6} = 0.2\%$$

$\delta_{ana} = 0.012mm$

$E_\delta = |\delta_{th} - \delta_{ana}| = |0.011 - 0.012| = 0.001mm$

(10) 조립 모델링(*Assembly modeling*)의 FEM 해석

조립 모델링은 키 홈, 단차, 볼트, 너트 등 요소가 복합되므로 자유물체도에서 계산한 이론값과 응력 해석 값은 약 21%의 오차가, 변형량은 0.008mm의 오차가 발생함.

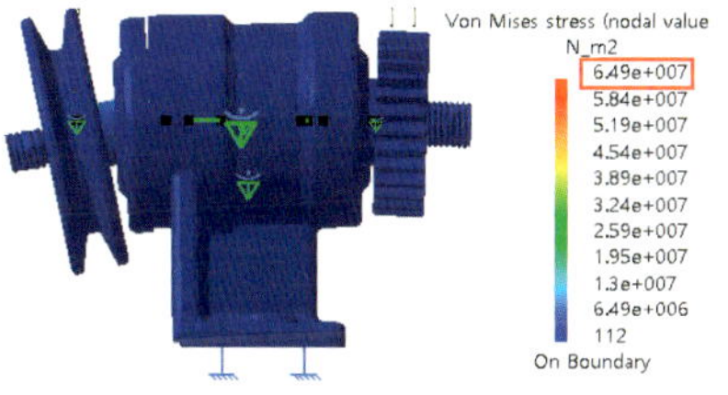

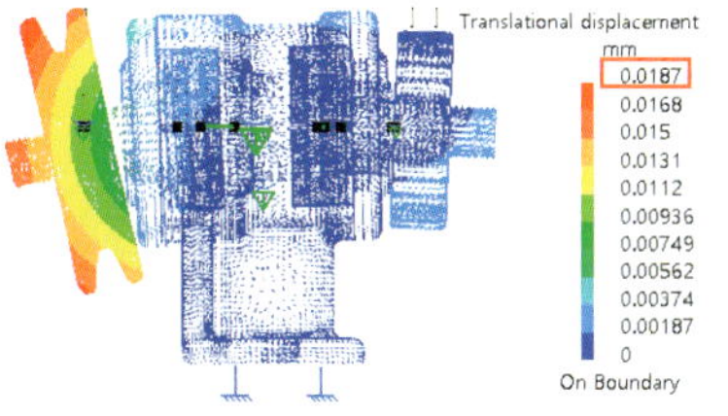

해석 결과

$$\sigma_{ana} = 64.9MPa$$

$$E_\sigma(\%) = \frac{|\sigma_{th} - \sigma_{ana}|}{\sigma_{th}} = \frac{|53.6 - 64.9|}{53.6} = 21.1\%$$

$$\delta_{ana} = 0.019mm$$

$$E_\delta = |\delta_{th} - \delta_{ana}| = |0.011 - 0.019| = 0.008mm$$

3 기계설계 실무

3.4 동력전달장치 03 설계 실무

1) 경계 조건

Q1) 아래와 같은 외팔보 형태 외측 스프로킷 구조 동력전달장치의 설계 및 구조 해석을 수행하시오.

No.	Name
①	Housing
②	Shaft
③	Sprocket
④	Bearing
⑤	Cover

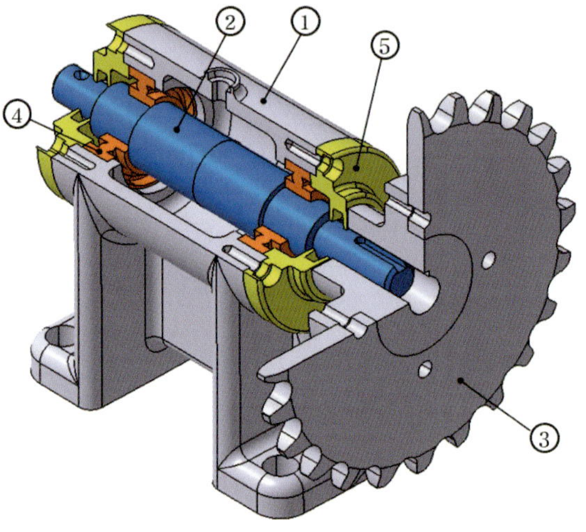

B.C)

Shaft	Sprocket
$S45C$ $d = 20mm$ $\sigma_u = 569MPa$ $\sigma_y = 343MPa$ $\tau_u = 198MPa$ $\sigma_a = 114MPa(S=3)$ $\tau_a = 66MPa(S=3)$ $E = 200GPa$ d: 축직경 σ_u : 인장강도 σ_y : 항복강도 τ_u : 전단강도 σ_a: 허용수직응력 τ_a: 허용전단응력 E: 세로탄성계수	#40 $Z = 24$ $p = 12.7$ $D_p = \frac{p}{\sin(180^\circ/Z)} = \frac{12.7}{\sin(180^\circ/24)} = 97.3$ F_t : 접선력 F_s : 축과 베어링 방향으로 작용하는 하중 **Motor** $H_{kw} = 1.5kW,\ N = 450rpm$

2) 동력전달장치 03의 구조 해석

(1) 축의 전달 토크, T

$$T = 974000\frac{H_{kw}}{N}$$
$$= 974000\frac{1.5}{450} = 3246.67kg_f \cdot mm = 31817.3N \cdot mm$$

(2) 스프로킷의 축과 베어링 방향 하중, F_s

$$T = F_t \cdot \frac{D_p}{2}, \quad F_t = \frac{2T}{D_p} = \frac{2\times 31817.3}{97.3} = 654N$$
$$F_{\max} = F_t = 11F_{\min}, \quad F_{\min} = \frac{654}{11} = 59.5N$$
$$F_s = F_{\max} + F_{\min} = 654 + 59.5 = 713.5N$$

(3) 베어링 반력, F_{b1}, F_{b2}

$$\sum M_{b2} = 0, \quad 713.5\times 42 = F_{b1}\times 55$$
$$F_{b1} = 544.85N$$
$$\sum F_y = 0, \quad F_{b2} - 544.85 - 713.5 = 0$$
$$F_{b2} = 1258.35N$$

3 기계설계 실무

(4) 최대 굽힘 모멘트, $M_{\max}$

최대 굽힘 모멘트는 b_2 지점 (우측 베어링)에서 $-29966.8N\cdot mm$ $M_{\max}$ $=-544.85\times 55$ $=-29966.8N\cdot mm$	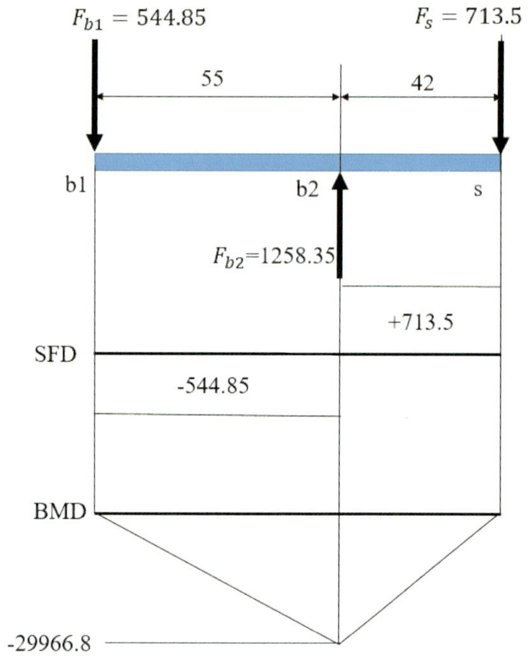

(5) 최대 굽힘 응력과 전단응력

$$\sigma_b=\frac{M}{Z}=\frac{M\times 32}{\pi\cdot d^3}=\frac{29966.8\times 32}{\pi\times 15^3}=90.44MPa$$

$$\tau=\frac{T}{Z_p}=\frac{T\times 16}{\pi\cdot d^3}=\frac{31817.3\times 16}{\pi\cdot 15^3}=48MPa$$

(6) 최대 주응력, $\sigma_{\max}$

$$\sigma_{\max}=\frac{\sigma_b}{2}+\sqrt{(\frac{\sigma_b}{2})^2+\tau^2}=\frac{90.44}{2}+\sqrt{(\frac{90.44}{2})^2+48^2}=111.2MPa$$

$$S=\frac{\sigma_y}{\sigma_{\max}}=\frac{343}{111.2}=3.1$$

(7) 최대 변형량, δ_{max}

① s 지점(스프로킷)에서 처짐량

$$\delta_s = \frac{F_s \cdot l^3}{3EI} = \frac{F_s \cdot l^3 \cdot 64}{3E \cdot \pi \cdot d^4} = \frac{713.5 \times 42^3 \times 64}{3 \times 200 \times 10^3 \times \pi \times 15^4} = 0.035mm$$

(8) 자유 물체도(FBD)의 FEM 해석

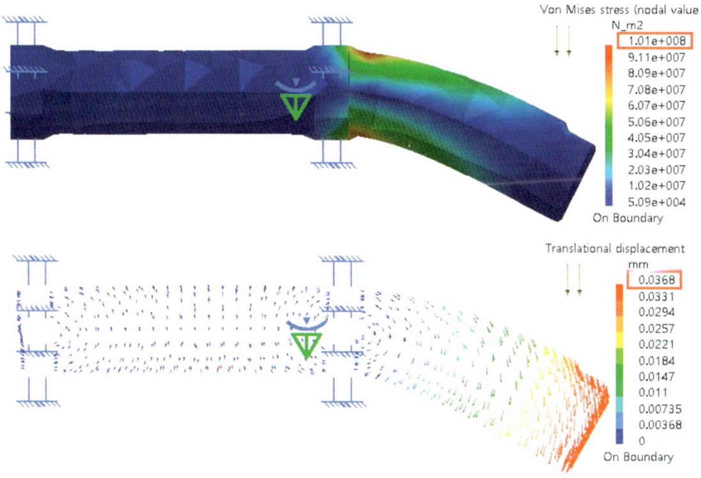

해석 결과

$$\sigma_{ana} = 101MPa$$

$$E_\sigma(\%) = \frac{|\sigma_{th} - \sigma_{ana}|}{\sigma_{th}} = \frac{|111.2 - 101|}{111.2} = 9.2\%$$

$$\delta_{ana} = 0.012mm$$

$$E_\delta = |\delta_{th} - \delta_{ana}| = |0.035 - 0.037| = 0.002mm$$

보스와 조립되는 축부 설계 변경($\phi10 \rightarrow \phi12$) 후 자유 물체도에서 계산한 이론값과 응력 해석값은 약 2%의 오차가, 변형량은 0.051mm의 오차가 발생함.

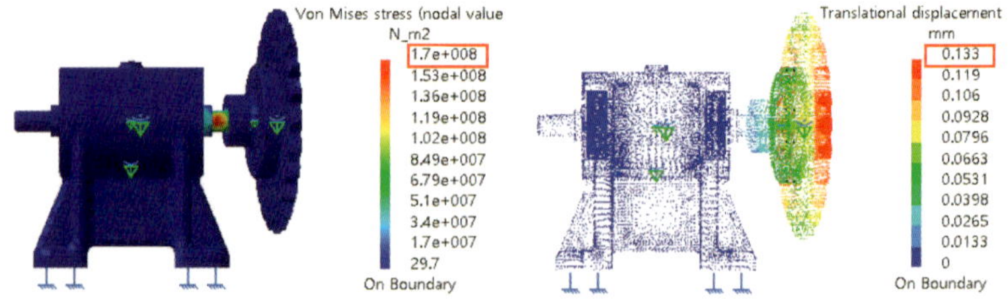

(a) 1st FEM

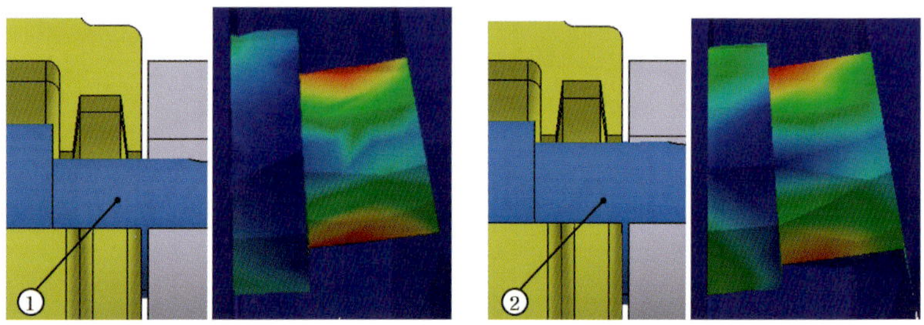

(b) Design revision (Shaft diameter of right end position : $\phi10 \rightarrow \phi12$)

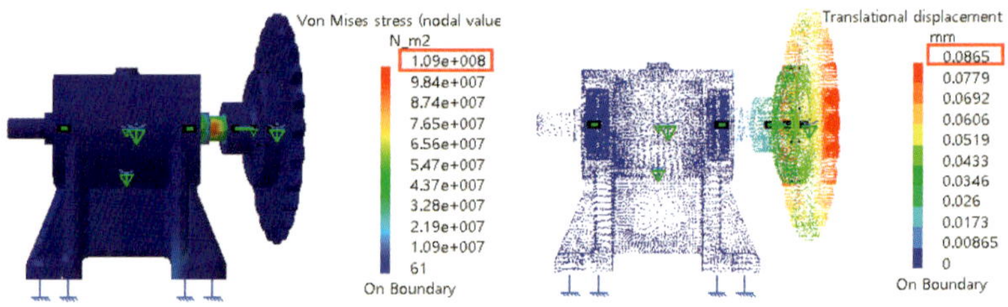

(c) 2nd FEM

해석 결과

$$\sigma_{ana} = 109MPa$$

$$E_{\sigma}(\%) = \frac{|\sigma_{th} - \sigma_{ana}|}{\sigma_{th}} = \frac{|111.2 - 109|}{111.2} = 2\%$$

$$\delta_{ana} = 0.086mm$$

$$E_{\delta} = |\delta_{th} - \delta_{ana}| = |0.035 - 0.086| = 0.051mm$$

3.5 바이스 설계 실무

1) 설계적 접근 (Design approach)

(1) 경계 조건

No.	Name
①	Base
②	Support
③	Shaft
④	Lever
⑤	Guide
⑥	Sliding jaw

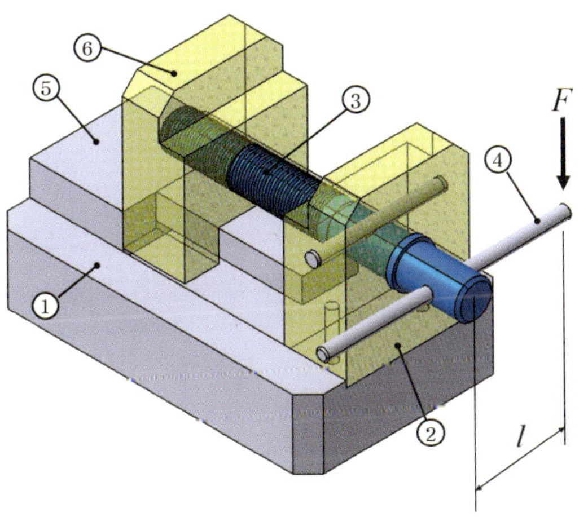

B.C)

Shaft	$S45C$ $\sigma_y = 343MPa$ $\tau_u = 198MPa$ $E = 200GPa$ $F = 50N$ $l = 100mm$ $\mu = 0.2$ \	σ_y : 항복강도 τ_u : 전단강도 σ: 수직응력 σ_b: 굽힘응력 E: 세로탄성계수 τ_t: 비틀림응력 F: 레버를 돌리는 힘 F_t: 나사 내경에서의 접선력 Q_t : 나사의 축 방향 추력 l : 레버 길이 μ: 나사의 마찰계수

(2) 바이스 설계

① 구동 토크, T

$$T = F \times l = 50 \times 100 = 5000 N \cdot mm$$

② 나사 호칭경 설계

- 기준강도 선정

: 연강일 때, 항복강도, σ_y를 기준강도로 사용

- 안전율 선정

: 편하중(반복하중) $\approx$ 5

바이스의 재질과 편하중을 고려하면 항복강도를 기준강도로 하고 반복하중에 해당하는 안전율을 적용할 수 있다. 본 예제에서는 충격하중이나 파이프 연결 등 과다 토크 작용 등을 고려하여 안전율을 8로 선정한다.

- 허용수직응력, σ_a

$$S = \frac{\sigma_y}{\sigma_a}, \ \sigma_a = \frac{\sigma_y}{S} = \frac{343}{8} = 42.88$$

- 허용전단응력, τ_a

$$S = \frac{\tau_u}{\tau_a}, \ \tau_a = \frac{\tau_u}{S} = \frac{198}{8} = 24.75$$

- 전단 변형 에너지설에 의한 응력, τ_v

$$\tau_v = \frac{2}{\sqrt{3}}(\tau_{\max})$$
$$= \frac{2}{\sqrt{3}}\sqrt{(\frac{\sigma_a}{2})^2 + \tau_a^2}$$
$$= \frac{2}{\sqrt{3}}\sqrt{(\frac{42.88}{2})^2 + 24.75^2} = 37.8 MPa$$

- 나사 호칭경 선정

$$T = \tau_v \cdot Z_p = \tau_v \cdot \frac{\pi d^3}{16}$$
$$d = \sqrt[3]{\frac{16T}{\pi \cdot \tau_v}} = \sqrt[3]{\frac{16 \times 5000}{\pi \times 37.8}} = 8.8$$
$$D \approx 1.2d = 1.2 \times 8.8 = 10.56$$

$\therefore M12 \times 1.75$ 선정

③ 축 방향 추력(Q_t)

- 축 방향 추력(Q_t)

$$T = F_t \cdot \frac{d}{2},\ \ F_t = \frac{2T}{d} = \frac{2\times 5000}{10.25} = 975.6N$$

나사의 유효 지름, d_e
사각나사, $d_e = D - 0.5p = 12 - 0.5\times 1.75 = 11.125$
삼각나사, $d_e = (D+d)/2$

$$F_t = Q_t \tan(\rho+\alpha),$$

$$Q_t = \frac{F_t}{\tan(\rho+\alpha)} = \frac{F_t}{\mu+\tan\alpha}$$

$$= \frac{F_t}{\mu+\dfrac{p}{\pi\, d_e}} = \frac{975.6}{0.2+\dfrac{1.75}{\pi\, 11.125}} = 3901.3N$$

축 방향 추력에 의한 수직(압축)응력

$$\sigma = \frac{4\cdot Q_t}{\pi\cdot d^2} = \frac{4\times 3901.3}{\pi\times 10.25^2} - 47.28MPa$$

- 축 방향 추력(Q_t)에 따른 안전율 평가

축 방향 추력에 의한 $S = \dfrac{\sigma_y}{\sigma} = \dfrac{343}{47.28} = 7.25$

④ 전동기 설계

- 360rpm으로 바이스의 슬라이딩 조(Jaw)를 전, 후 자동 이송시키기 위한 전동기 선정, 효율은 75%로 가정한다.

$$T = 5000N\cdot mm = 510.2kq_f\cdot mm$$

$$T = 974000\frac{H_{kw}}{N}$$

$$H_{kw} = \frac{T\cdot N}{974000} = \frac{510.2\times 360}{974000} = 0.2$$

$$\eta = \frac{H_o}{H_i},\ \ H_i = \frac{H_o}{\eta} = \frac{0.2}{0.75} = 0.27kW$$

$\therefore 300W$ 모터 선정

3 기계설계 실무

2) 해석적 접근 (Analysis approach)

(1) 경계 조건

No.	Name
①	Base
②	Support
③	Shaft
④	Lever
⑤	Guide
⑥	Sliding jaw

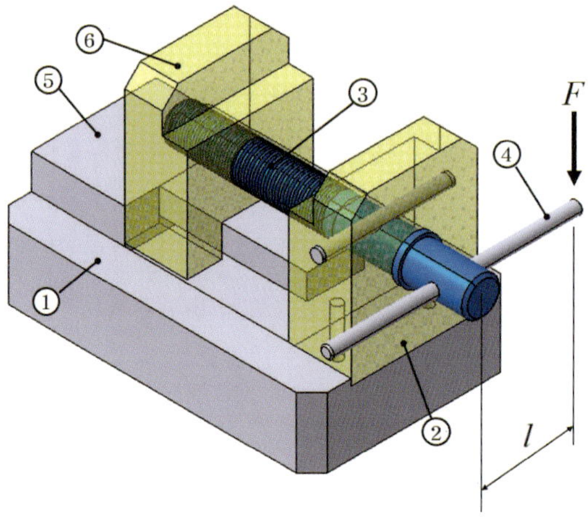

B.C)

Shaft	$M12 \times 1.75\, thread$ $S45C$ $\sigma_y = 343MPa$ $\tau_u = 198MPa$ $E = 200GPa$ $G = 80GPa$ $F = 50N$ $l = 100mm$ $\mu = 0.2$ $d = 10.25mm$	d: 나사 내경 σ_y : 항복강도 τ_u : 전단강도 σ: 수직응력 σ_b: 굽힘응력 τ_t: 비틀림응력 F: 레버를 돌리는 힘 F_t: 나사 내경에서의 접선력 Q_t : 나사의 축방향 추력 l: 레버 길이 μ: 나사의 마찰계수

(2) 바이스 구조 해석

① 비틀림에 의한 전단응력, τ_t

	$T = F \times l = 50 \times 100 = 5000 N \cdot mm$ $T = \tau_t \cdot \dfrac{\pi \cdot d^3}{16}$ $\tau_t = \dfrac{16 \times 5000}{\pi \times 10.25^3} = 23.65 MPa$

② 축 방향 추력(Q_t)에 의한 수직응력, σ

	$T = F_t \cdot \dfrac{d}{2},\ F_t = \dfrac{2T}{d} = \dfrac{2 \times 5000}{10.25} = 975.6 N$
	나사의 유효 지름, d_e 사각나사, $d_e = D - 0.5p = 12 - 0.5 \times 1.75 = 11.125$ 삼각나사, $d_e = (D + d)/2$
나사의 마찰각과 리드각을 고려한 추력	$F_t = Q_t \tan(\rho + \alpha)$, $Q_t = \dfrac{F_t}{\tan(\rho + \alpha)} = \dfrac{F_t}{\mu + \tan\alpha}$ $= \dfrac{F_t}{\mu + \dfrac{p}{\pi d_e}} = \dfrac{975.6}{0.2 + \dfrac{1.75}{\pi\, 11.125}} = 3901.3 N$ $\sigma = \dfrac{4 \cdot Q_t}{\pi \cdot d^2} = \dfrac{4 \times 3901.3}{\pi \times 10.25^2} = 47.28 MPa$

③ 비틀림과 추력을 고려한 최대 전단응력, $\tau_{\max}$

	$\tau_{\max} = \sqrt{(\dfrac{\sigma}{2})^2 + \tau_t^2} = \sqrt{(\dfrac{47.28}{2})^2 + 23.65^2} = 33.44 MPa$ $S = \dfrac{\tau_u}{\tau_{\max}} = \dfrac{198}{33.44} = 5.9$

④ 비틀림과 추력을 고려한 최대 주응력, $\sigma_{\max}$

	$\sigma_{\max} = \dfrac{\sigma}{2} + \sqrt{(\dfrac{\sigma}{2})^2 + \tau_t^2} = \dfrac{47.28}{2} + \sqrt{(\dfrac{47.28}{2})^2 + 23.65^2} = 57.1 MPa$ $S = \dfrac{\sigma_u}{\sigma_{\max}} = \dfrac{343}{57.1} = 6$

⑤ 슬라이딩 조의 제품 고정부 반력(F_j)과 가이드부 반력, R_g

$$\sum M_t = 0,\quad Q_t \times 12 = F_j \times 31$$
$$3901.3 \times 12 = F_j \times 31$$
$$F_j = \frac{3901.3 \times 12}{31} = 1510.2N$$
$$\sum F_y = 0,\quad R_g + 1510.2 = 3901.3$$
$$R_g = 2391.1N$$

⑥ 최대 굽힘 모멘트, $M_{\max}$

$M_{\max}$
$= 1510.2 \times 19$
$= 28693.8 N \cdot mm$

최대 굽힘 모멘트는 t 지점 (나사 구동부)에서 $28693.8 N \cdot mm$

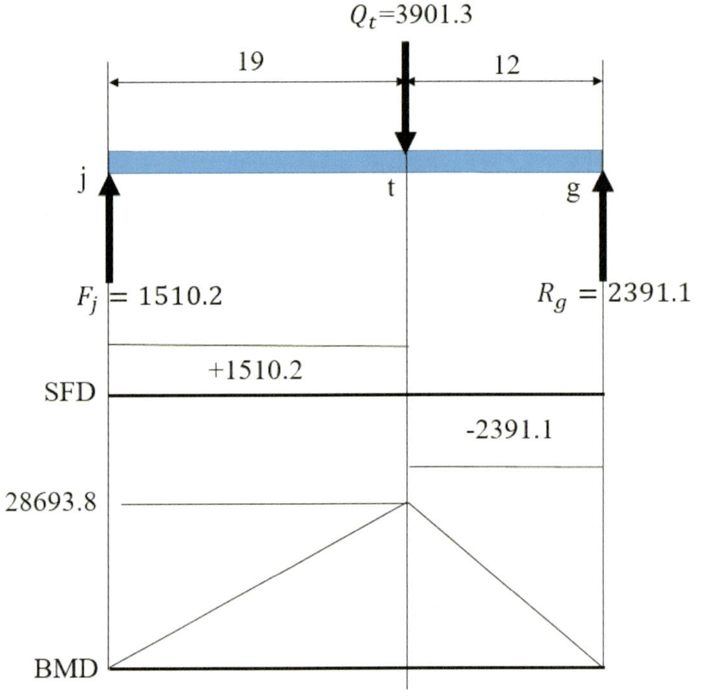

FBD of slider (part ⑥)

⑦ 최대 굽힘 응력, σ_b

슬라이더의 단면 형상
$b \times h = 40 \times 20$

나사 구동부 단면 형상
$b \times h = 10.25 \times 20$

$$\sigma_b = \frac{M_{\max}}{Z} = \frac{M_{\max} \times 6}{b \cdot h^2} = \frac{28693.8 \times 6}{10.25 \times 20^2} = 42MPa$$

⑧ 비틀림과 굽힘을 고려한 최대 주응력, σ_{max}

비틀림과 추력을 고려한 최대 주응력 값 $(57.1MPa)$과 비교	$\sigma_{max}=\frac{\sigma_b}{2}+\sqrt{(\frac{\sigma_b}{2})^2+\tau_t^2}=\frac{42}{2}+\sqrt{(\frac{42}{2})^2+23.65^2}=52.63MPa$ $S=\frac{\sigma_y}{\sigma_{max}}=\frac{343}{52.63}=6.5$

⑨ 최대 변형량, δ_{max}

	t 지점(나사 구동부)에서 처짐량 $\delta_t=\frac{Q_t\cdot l^3}{3EI}=\frac{Q_t\cdot l^3\cdot 12}{3E\cdot b\cdot h^3}=\frac{4878\times 12^3\times 12}{3\times 200\times 10^3\times 10.25\times 20^3}=0.003mm$

⑩ 자유 물체도 (FBD)의 FEM 해석

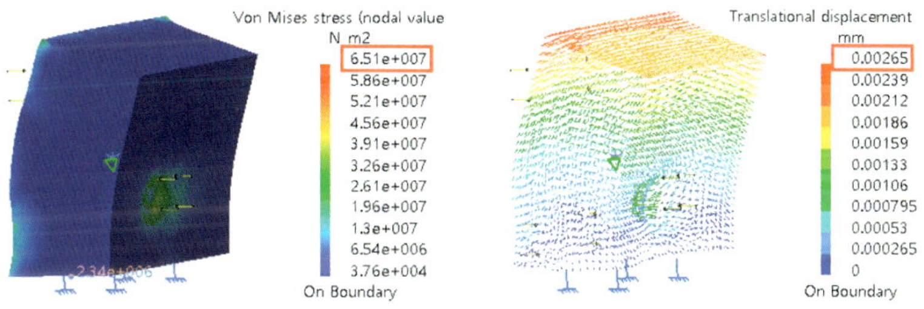

해석 결과

$\sigma_{ana}=65.1MPa$

$E_\sigma(\%)=\frac{|\sigma_{th}-\sigma_{ana}|}{\sigma_{th}}=\frac{|52.63-65.1|}{52.63}=23.7\%$

$\delta_{ana}=0.0026mm$

$E_\delta=|\delta_{th}-\delta_{ana}|=|0.003-0.0026|=0.0004mm$

3 기계설계 실무

슬라이딩 조의 나사 구동부 너트 입구 챔퍼, C1을 추가하여 해석한 결과 이론값과 응력 해석 값은 약 7.5%의 오차가, 변형량은 0.0003mm의 오차가 발생함.

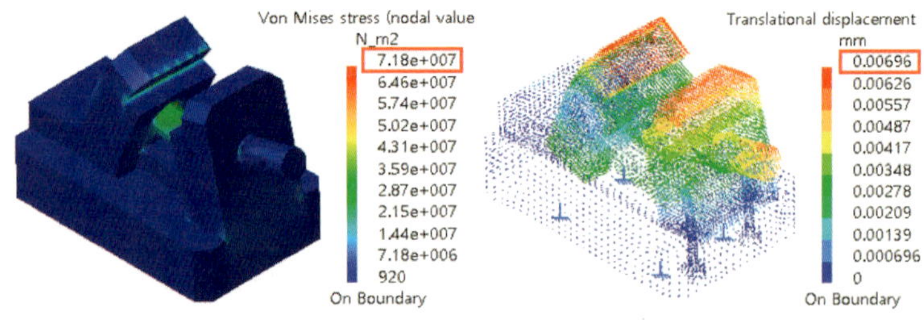

(a) 1st FEM

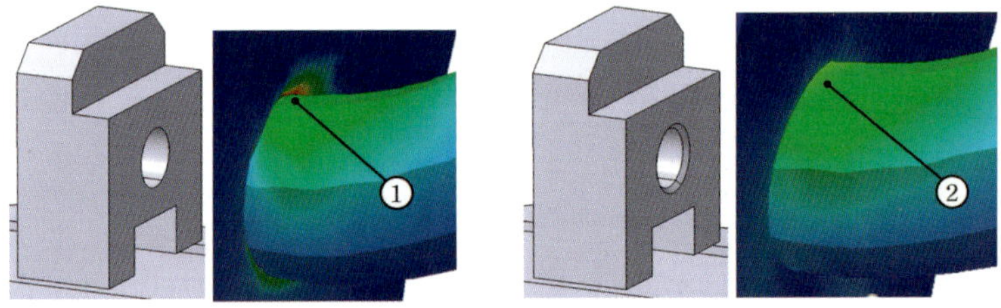

(b) Thread drive nut entry chamfer on sliding jaw, add C1

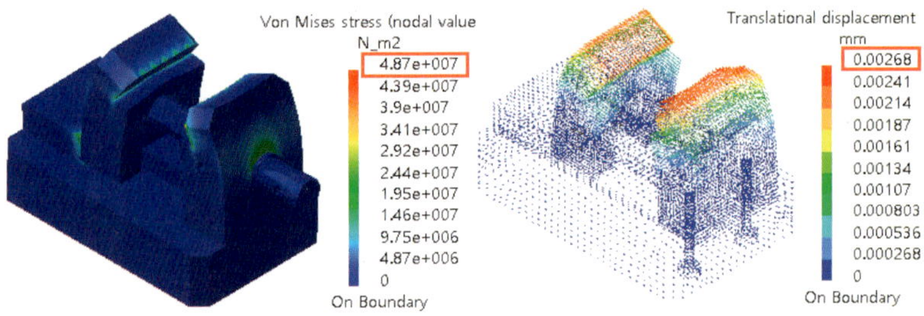

(c) 2nd FEM

해석 결과

$$\sigma_{ana} = 48.7MPa$$

$$E_{\sigma}(\%) = \frac{|\sigma_{th} - \sigma_{ana}|}{\sigma_{th}} = \frac{|52.63 - 48.7|}{52.63} = 7.5\%$$

$$\delta_{ana} = 0.0027mm$$

$$E_{\delta} = \delta_{th} - \delta_{ana} = |0.003 - 0.0027| = 0.0003mm$$

4. 유한요소 해석

4.1 축 유한요소 해석

4.2 동력 전달 장치 01 유한요소 해석

4.3 바이스 유한요소 해석

4 유한요소 해석

4.1 축 유한요소 해석

1) 이론적 접근 (Theoretical approach)

(1) 문제 정의

원형 단면 외팔보의 응력과 변형률	아래와 같이 직경 $50mm$, 길이 $500mm$인 원형 단면보가 외팔보 형태로 지지되어 있을 때 끝단에 $500N$의 굽힘 하중이 작용한다. 이 축의 최대 응력과 최대 변형량을 이론적, 해석적인 방법으로 구한 뒤 안전도를 평가하시오.

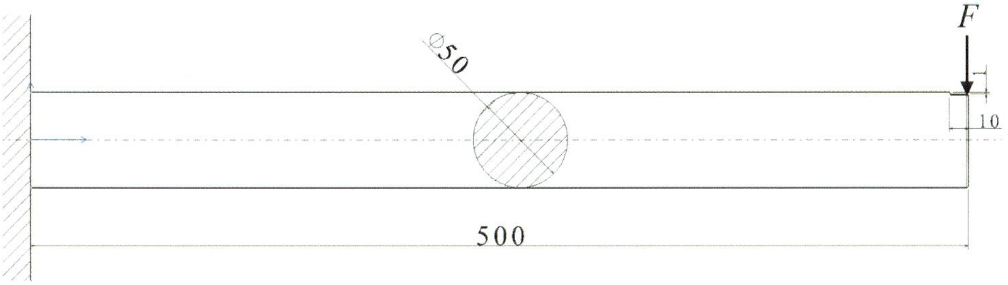

(2) B/C

	$S45C$ $d=50mm$ $l=500mm$ $F=500N$ $\sigma_y=343MPa$ $E=200GPa$ d : 축 직경 l : 축의 길이 F : 굽힘 하중 σ_y : 항복 강도 E : 세로탄성계수

(3) 이론적인 굽힘 응력, σ_{th}과 변형량, δ_{th}

$$M = F \times l = 500 \times 500 = 250000N \cdot mm$$

$$M = \sigma \times Z$$

$$\sigma_{th} = \frac{M}{Z} = \frac{M \times 32}{\pi d^3} = \frac{250000 \times 32}{\pi \times 50^3} = 20.37MPa$$

$$\delta_{th} = \frac{F \times l^3}{3 \times E \times I} = \frac{F \times l^3 \times 64}{3 \times E \times \pi d^4} = \frac{500 \times 500^3 \times 64}{3 \times 200 \times 10^3 \times \pi \times 50^4} = 0.339mm$$

2) 유한요소 해석 (FEM Analysis)

- Part design 워크벤치에서 문제 정의를 참조하여 $\phi 50$, $500l$ 인 환봉을 모델링하고 우측 끝단에 하중을 부여할 수 있도록 폭 $10mm$, 깊이 $1mm$ 의 단차를 준다. → 트리의 PartBody(①)을 클릭하고 Apply Material(②) 클릭 → 강(Steel)(④)으로 재질을 부여한다. → 메인 메뉴의 Start⑤)에서 Generative Structural Analysis(⑦) 워크벤치를 연다.

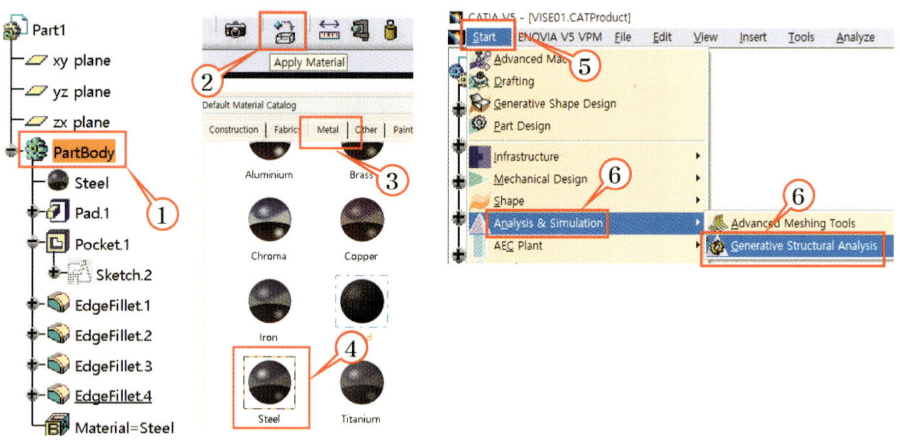

- Static Analysis(①)를 클릭한다. → 트리의 Nodes and Elements(②) 우클릭 → Mesh Visualization(③) 클릭하여 메시의 조밀도와 적정성을 판단한 뒤 hide(④)한다. → Link Manager(⑤)를 우클릭 → show 한다.

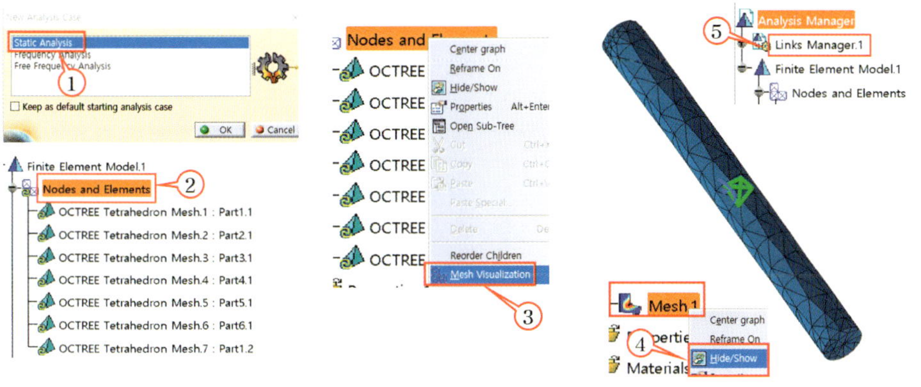

- Clamp(①)를 클릭하고 환봉의 좌측면(②)을 선택한다.

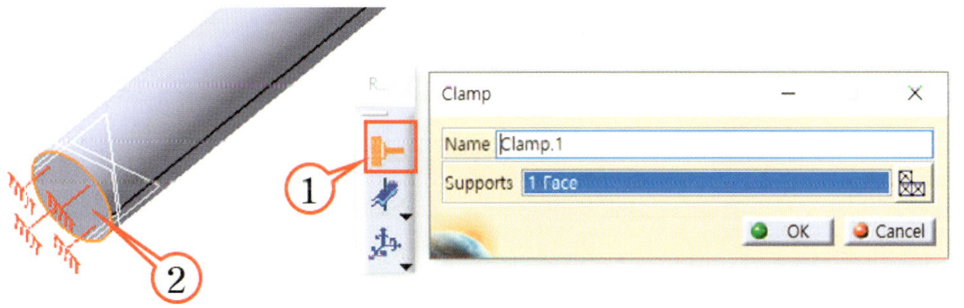

- Distributed Force(①)를 클릭하고 ②번 면(고정조의 제품 밀착면)을 선택하여 -1510.2N(③)을 입력한다.

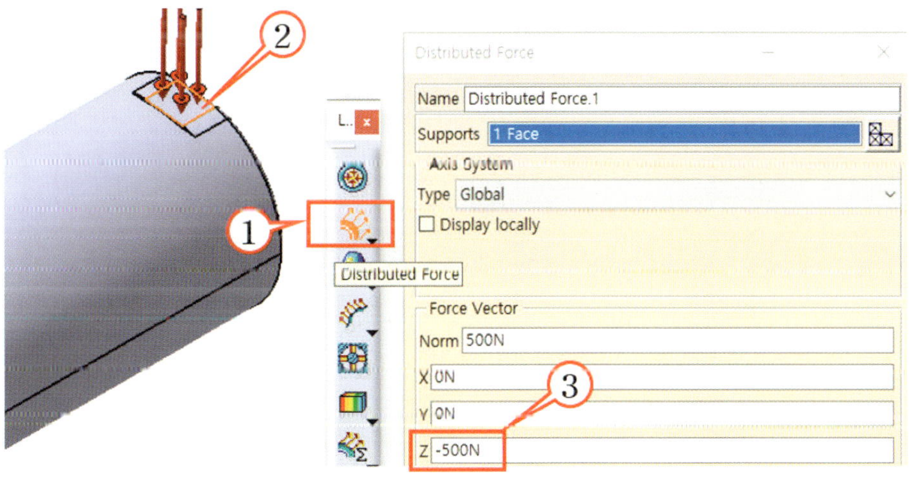

● Compute(①)를 클릭하여 계산한다.

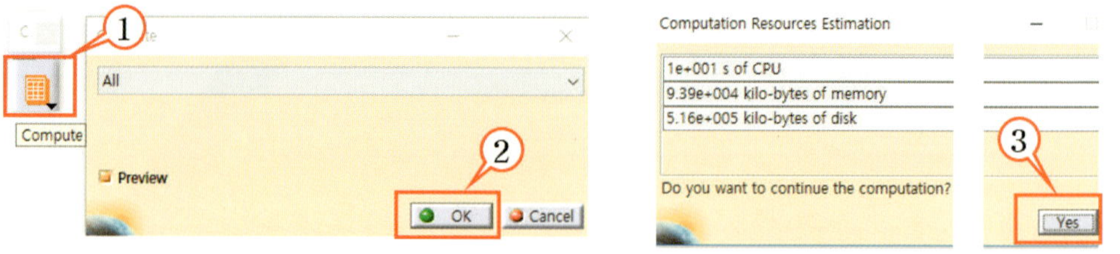

● Shading with Material( )로 한다. → Von Mises Stress(①)를 클릭하여 응력을 해석한 결과 최대 20.8MPa(②)로 나타났다.

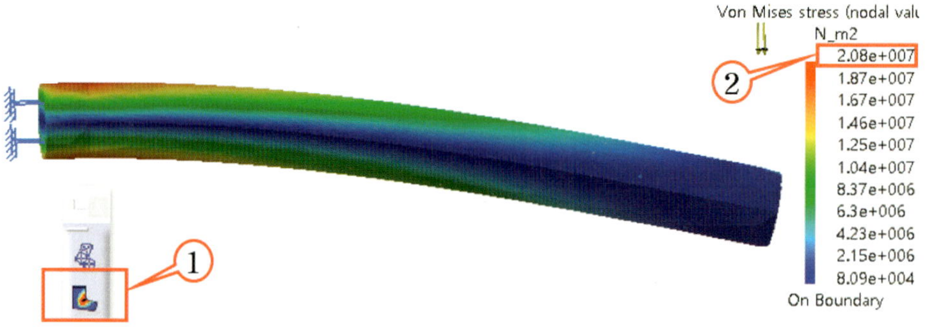

● Displacement(①)를 클릭하여 변형량을 해석한 결과 최대 0.336mm(②)로 나타났다.

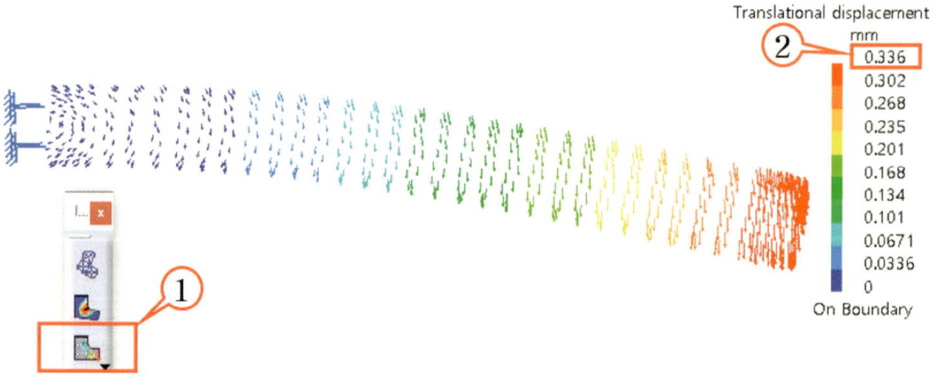

- Animate를 실행한다.

- Generate Report(①)를 클릭하여 보고서를 생성한다. → ②를 체크한다. → ③과 같이 응력 해석, ④와 같이 변형량 해석 보고서를 확인한다.

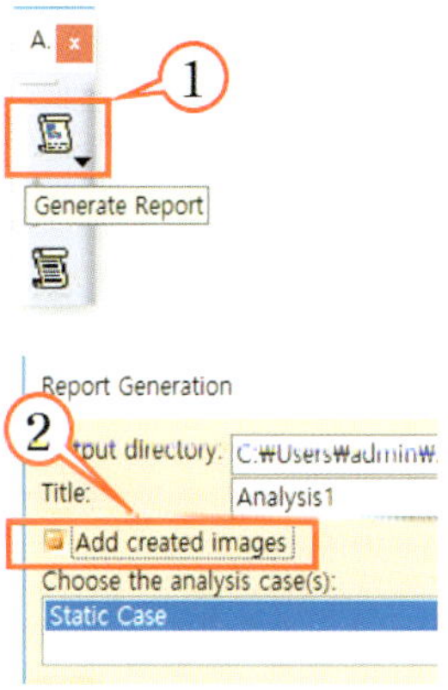

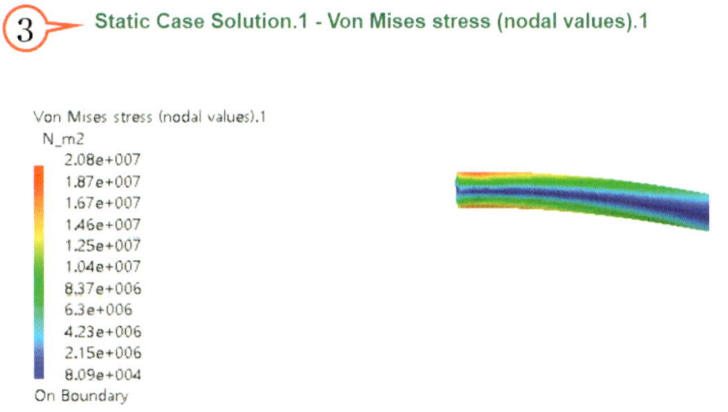

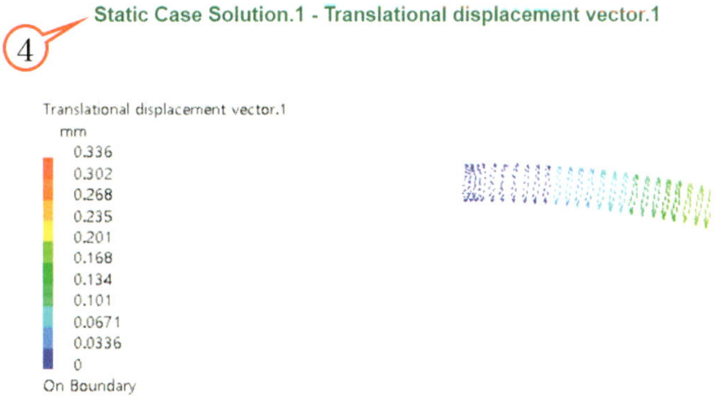

4 유한요소 해석

3) 이론과 해석 결과 비교

이론적인 계산값과 FEM에 의한 구조 해석 값을 비교한 결과 아래와 같이 응력은 2.1%, 변형량은 1.17% 오차를 나타냈으며 안전도는 16.5로 평가되었다.

- 비교 결과

$\sigma_{ana} = 20.8MPa \qquad \delta_{ana} = 0.336mm$

$$E_\sigma = \frac{|\sigma_{th} - \sigma_{ana}|}{\sigma_{th}} = \frac{|20.37 - 20.8|}{20.37} = \frac{0.43}{20.37} \times 100 = 2.11\%$$

$$E_\delta = \frac{|\delta_{th} - \delta_{ana}|}{\delta_{th}} = \frac{|0.339 - 0.336|}{0.339} = \frac{0.003}{0.339} \times 100 = 0.88\%$$

순번	항목	이론값	해석 값	오차
1	응력, $\sigma_{\max}$	$20.37MPa$	$20.8MPa$	2.11%
2	변형량, $\delta_{\max}$	$0.339mm$	$0.336mm$	0.88%

- 안전도 평가

$$S = \frac{\sigma_u}{\sigma_{\max}} = \frac{343}{20.8} = 16.5$$

4.2 동력전달장치 01 유한요소 해석

1) 이론적 접근 (Theoretical approach)

3.2절 동력전달장치 01 설계 실무의 "(2) 동력전달장치 01의 구조 해석"에서 구한 값을 정리하면 아래와 같다.

순번	항목	이론값	용도
1	기어의 축과 베어링 방향 하중, F_g	$321.7N$	해석 시 하중 부여
2	풀리의 축과 베어링 방향 하중, F_p	$1051.8N$	해석 시 하중 부여
3	베어링 반력, F_{b1}, F_{b2}	$484.6N$	해석 시 하중 고려
4	베어링 반력, F_{b1}, F_{b2}	$1858.1N$	해석 시 하중 고려
5	최대 응력, $\sigma_{\max}$	$106.7MPa$	해석 후 결과 비교
6	최대 변형량, $\delta_{\max}$	$0.014mm$	해석 후 결과 비교

2) 유한요소 해석 (FEM Analysis)

- 광문각출판사 홈페이지의 게시판에서 MD.egg 파일을 다운받은 후 D:에 압축을 푼다. → 아래와 같이 MD 폴더의 POWER 폴더 안에 있는 POWER.CATProduct 파일을 더블클릭하여 OPEN 한다. (단, CATIA V5 R21 이상 버전이어야 함)

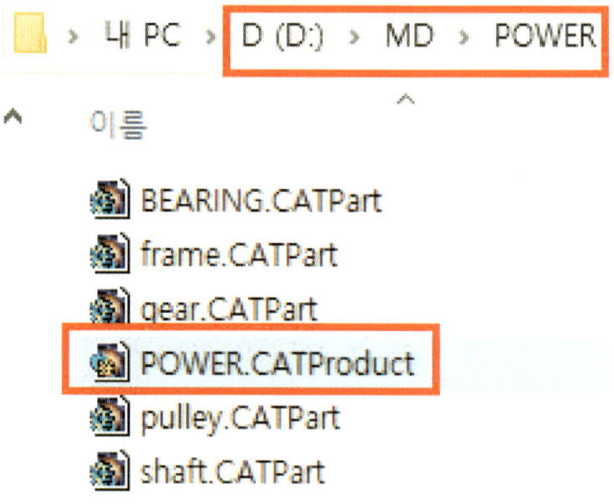

- Product1(①)을 클릭하고 Apply Material(②) 클릭 → 강(Steel)(④)으로 재질을 부여하고 Generative Structural Analysis(⑦) 워크벤치를 연다.

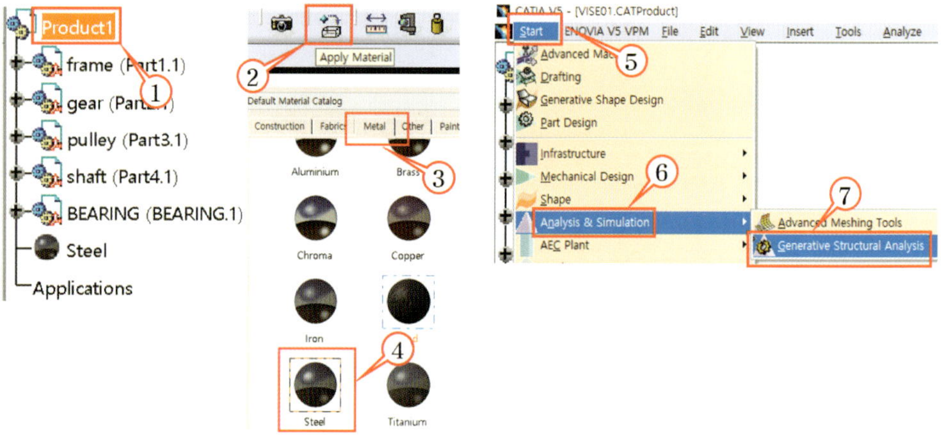

- Static Analysis(①)를 클릭한다. → 트리의 Nodes and Elements(②) 우클릭 → Mesh Visualization(③) 클릭하여 메시의 조밀도와 적정성을 판단한 뒤 hide(④) 한다. → Link Manager(⑤)를 우클릭 → show 한다.

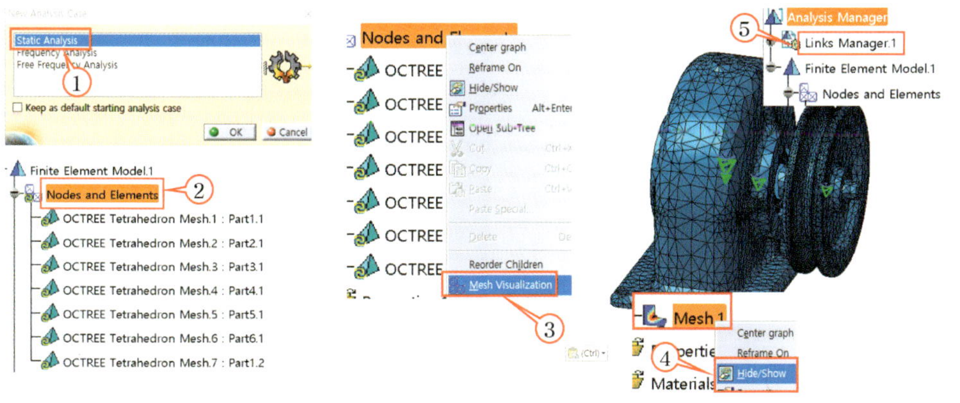

- General Analysis Connection 명령은 각각의 개별 Part modeling이 조립되어 있는 Assembly modeling에서 유한요소 해석(FEM)이 가능하도록 각 Part를 연결해 준다. 따라서 각 Part의 자유로운 연결을 위해 Link Manager 트리를 확장하여 각 Part를 hide 하거나 show 하면서 해당 Part를 클릭한다. (트리상의 해당 Part에 마우스를 가져가서 우클릭 + h)

- General Analysis Connection의 연결 순서는 아래와 같다.
  - 연결순서 : shaft와 pulley → shaft와 gear → shaft와 bearing → bearing과 frame
  - General Analysis Connection.1(①)을 클릭한다. → shaft 좌측의 pulley와 접하는 원통면(②) 클릭 → ③을 클릭한 뒤(매우 중요함) → shaft와 접하는 pulley의 내경면(④)을 클릭한다.

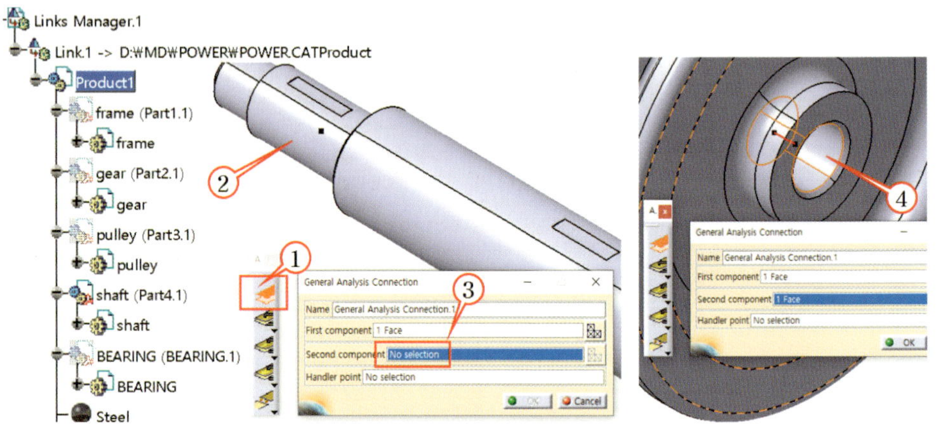

- 동일한 방법으로 gear와 접하는 shaft 원통면(①)과 shaft와 접하는 gear의 내경면(②)를 연결한다. → 나머지 Part도 상기한 "연결 순서"에 따라 General Analysis Connection을 수행한다.

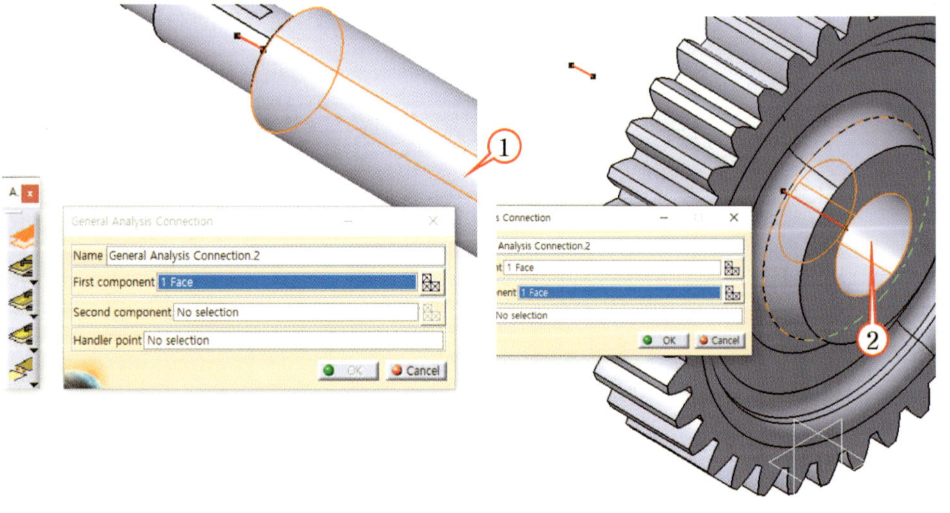

- Fastened Connection Property(①)를 클릭하여 생성한 Connection들을 트리(②)에서 하나씩 선택하여 실행한다.

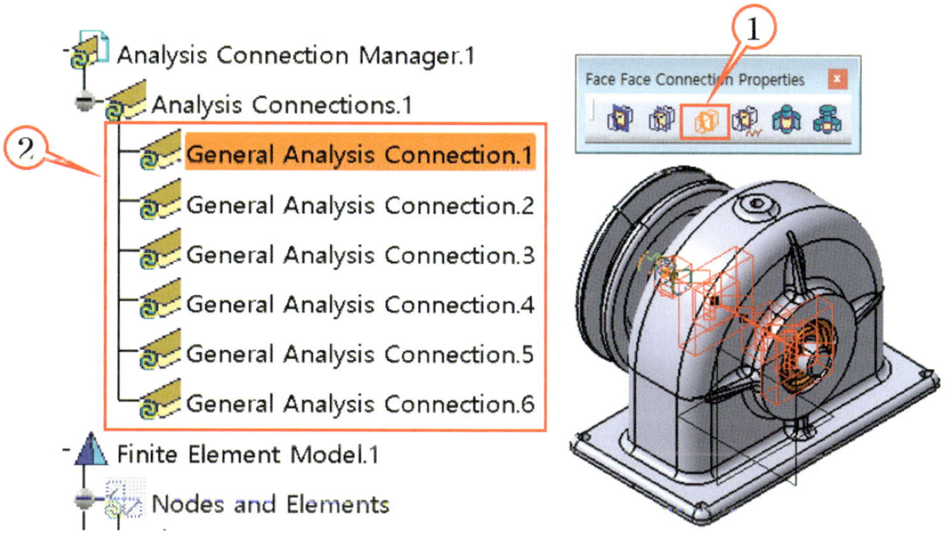

- Clamp(①)를 클릭하고 frame 바닥면(②)을 선택한다. → 동일한 방법으로 Clamp 아이콘을 클릭하여 좌, 우측 베어링(③)을 선택한다.

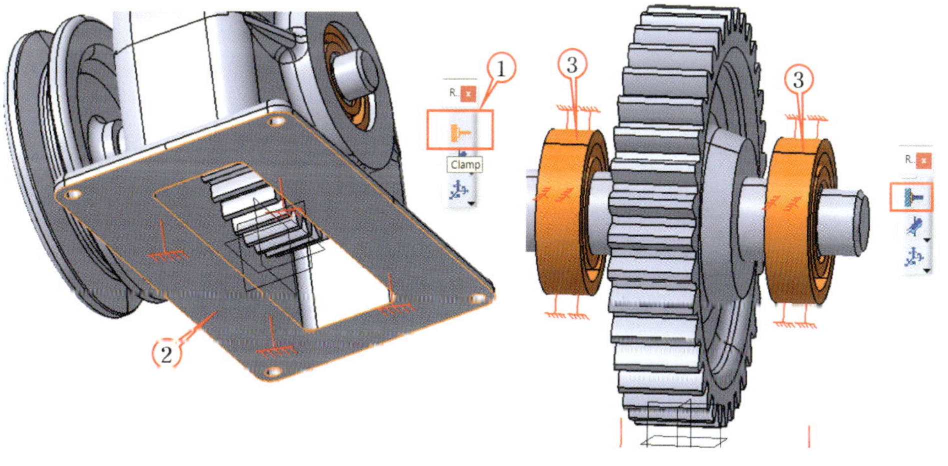

4 유한요소 해석

- Distributed Force(①)를 클릭하고 ②번 면(pulley의 하중을 받는 축상의 면)을 선택하여 -1051.8N(③)을 입력하고 ④번 면(gear의 하중을 받는 축상의 면)을 선택하여 -321.7N을 입력한다.

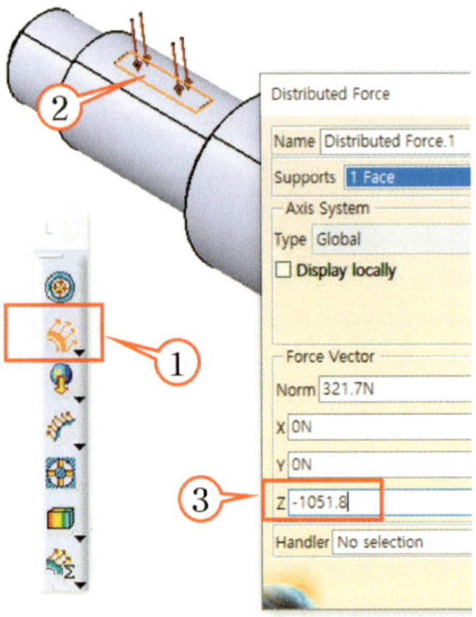

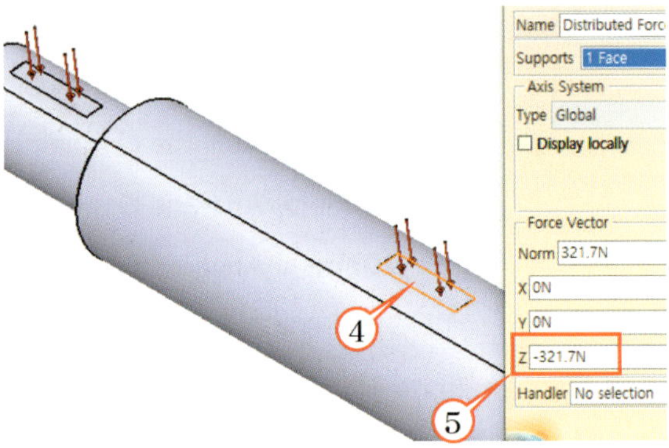

- Compute(①)를 클릭하여 계산한다.

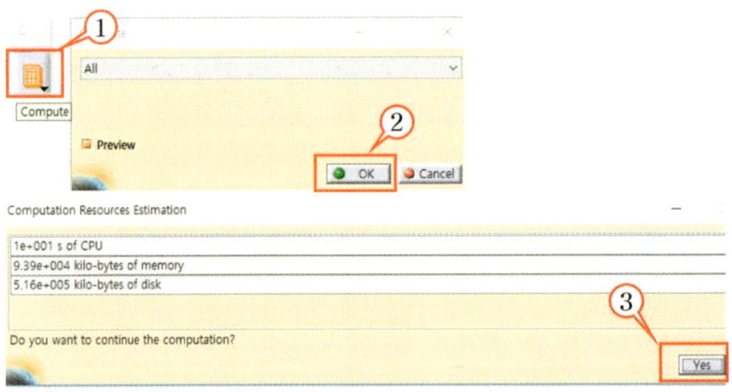

- Shading with Material( )로 한다. → Von Mises Stress(①)를 클릭하여 응력을 해석한 결과 최대 133MPa(②)로 나타났다.

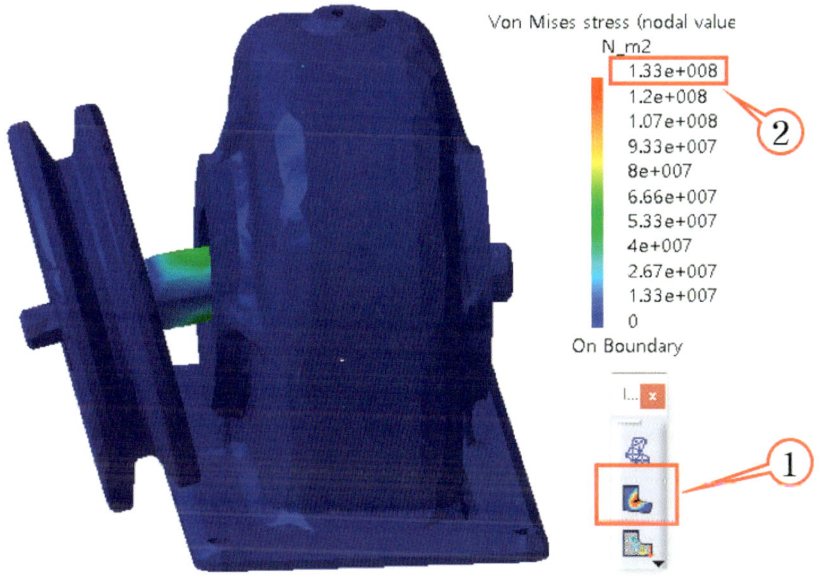

- Displacement(①)를 클릭하여 변형량을 해석한 결과 최대 0.0494mm(②)로 나타났다.

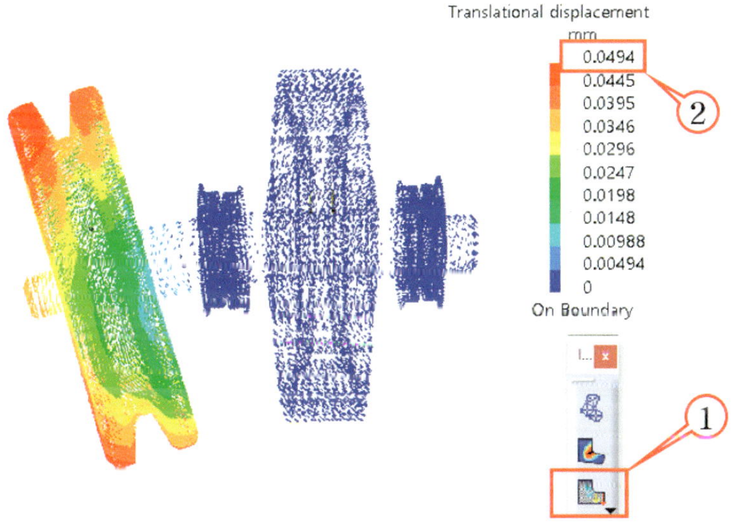

4 유한요소 해석

- Animate를 실행한다.

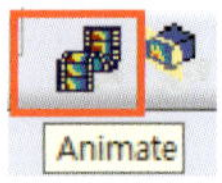

- Generate Report(①)를 클릭하여 보고서를 생성한다. → ②를 체크한다. → ③과 같이 응력 해석, ④와 같이 변형량 해석 보고서를 확인한다.

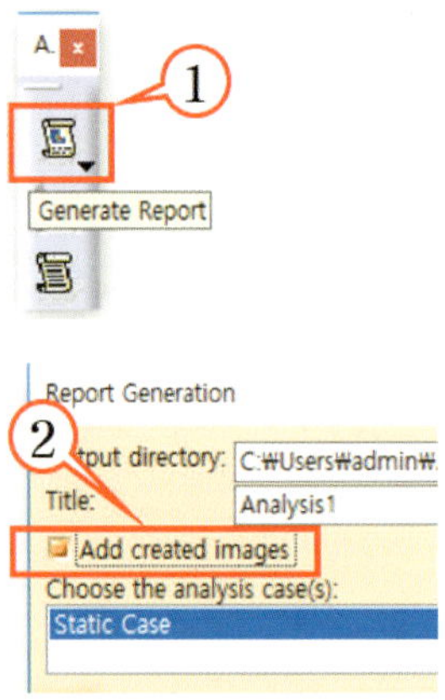

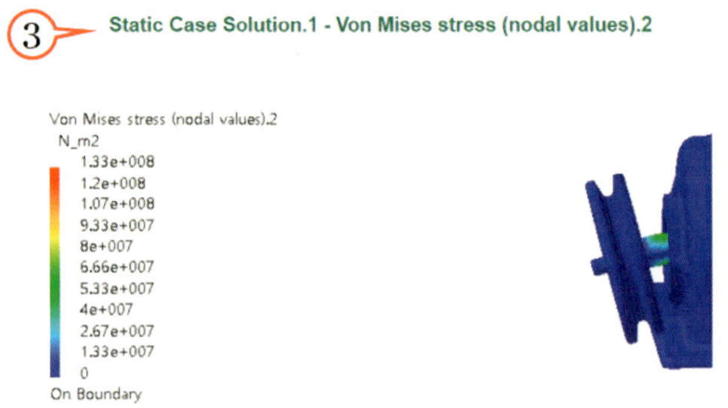

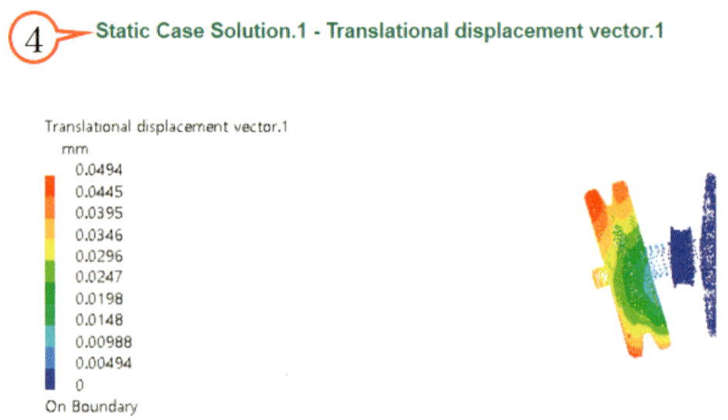

3) 이론과 해석 결과 비교

이론적인 계산값과 FEM에 의한 구조 해석 값을 비교한 결과 아래와 같이 응력은 24.6%, 변형량은 0.035mm 오차를 나타냈으며 안전도는 2.6으로 평가되었다.

- 비교 결과

$$\sigma_{ana} = 133MPa$$

$$E_{\sigma}(\%) = \frac{|\sigma_{th} - \sigma_{ana}|}{\sigma_{th}} = \frac{|106.7 - 133|}{106.7} = 24.6\%$$

$$\delta_{ana} = 0.0494mm$$

$$E_{\delta} = |\delta_{th} - \delta_{ana}| = |0.014 - 0.0494| = 0.035mm$$

순번	항목	이론값	해석값	오차
1	응력, $\sigma_{\max}$	$106.7MPa$	$133MPa$	24.6%
2	변형량, $\delta_{\max}$	$0.014mm$	$0.0494mm$	$0.035mm$

- 안전도 평가

$$S = \frac{\sigma_u}{\sigma_{\max}} = \frac{343}{133} = 2.6$$

4.3 바이스 유한요소 해석

1) 이론적 접근 (Theoretical approach)

3.5절 바이스 설계 실무의 "(2) 바이스 구조 해석"에서 구한 값을 정리하면 아래와 같다.

순번	항목	이론값	용도
1	축방향 추력(Q_t)	$3901.3N$	해석 시 하중 부여
2	슬라이딩 조의 제품 고정부 반력(F_j)	$1510.2N$	해석 시 하중 부여
3	슬라이딩 조의 가이드부 반력, R_g	$2391.1N$	해석 시 하중 부여
4	비틀림과 굽힘을 고려한 최대 주응력, $\sigma_{\max}$	$52.63MPa$	해석 후 결과 비교
5	최대 변형량, $\delta_{\max}$	$0.003mm$	해석 후 결과 비교

2) 유한요소 해석 (FEM Analysis)

- 광문각출판사 홈페이지의 게시판에서 MD.egg 파일을 다운받은 후 D:에 압축을 푼다.
→ 아래와 같이 MD 폴더의 VISE 폴더 안에 있는 VISE.CATProduct 파일을 더블클릭하여 OPEN 한다. (단, CATIA V5 R21 이상 버전이어야 함)

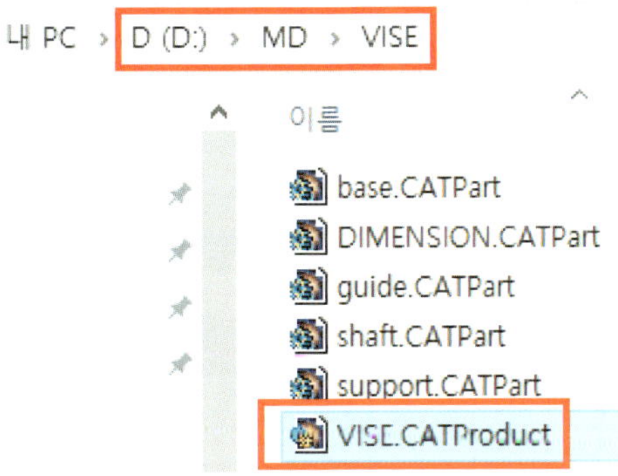

- Product1(①)을 클릭하고 Apply Material(②) 클릭 → 강(Steel)(④)으로 재질을 부여하고 Generative Structural Analysis(⑦) 워크벤치를 연다.

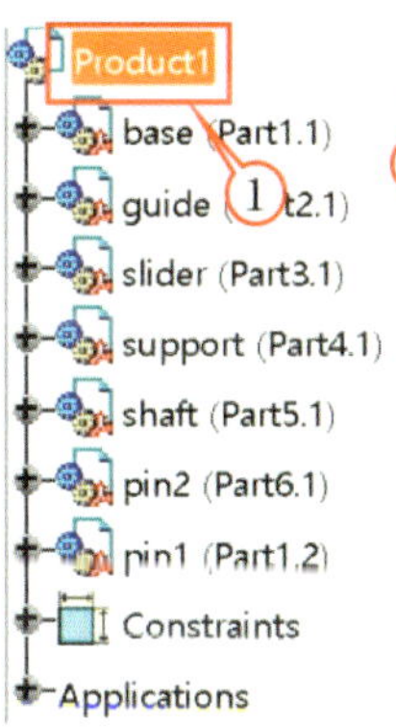

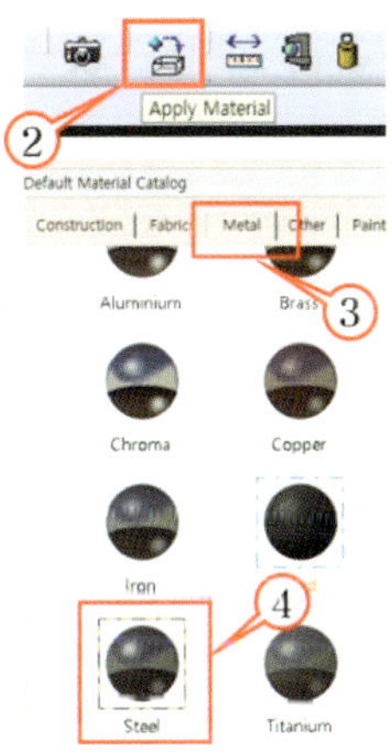

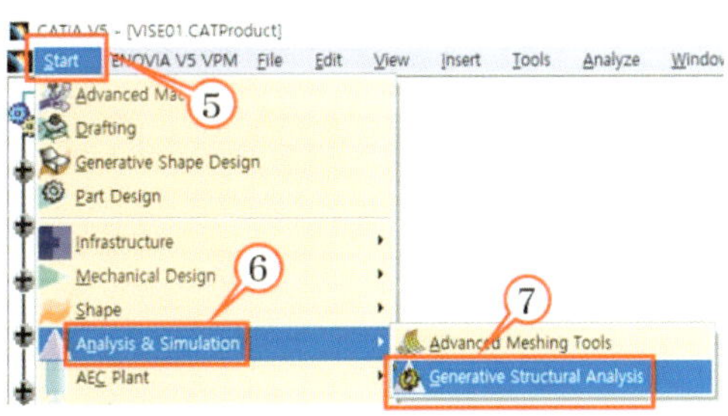

- Static Analysis(①)를 클릭한다. → 트리의 Nodes and Elements(②) 우클릭 → Mesh Visualization(③) 클릭하여 메시의 조밀도와 적정성을 판단한 뒤 hide(④) 한다. → Link Manager(⑤)를 우클릭 → show 한다.

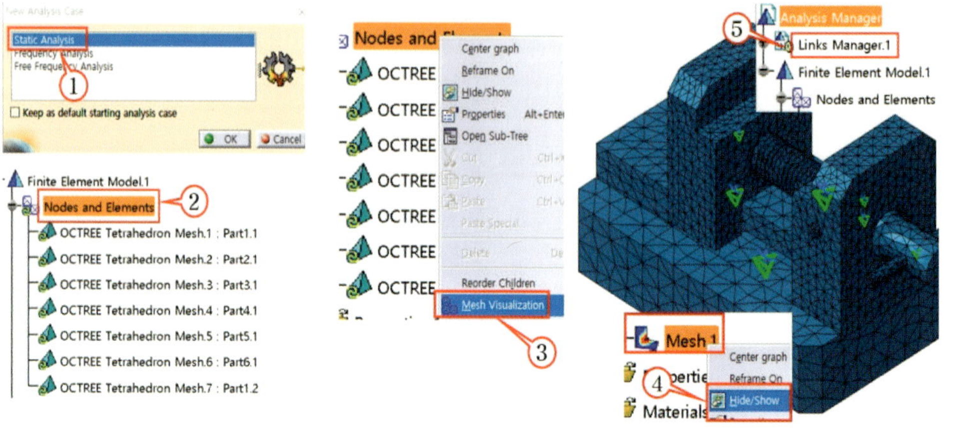

- General Analysis Connection.1(①)를 클릭한다. → Link Manager 트리를 확장하여 각 Part를 hide 하거나 show 하면서 해당 Part를 클릭한다. → Base 상면(②) 클릭 → ③을 클릭한 뒤 Guide 바닥(④)을 클릭한다.

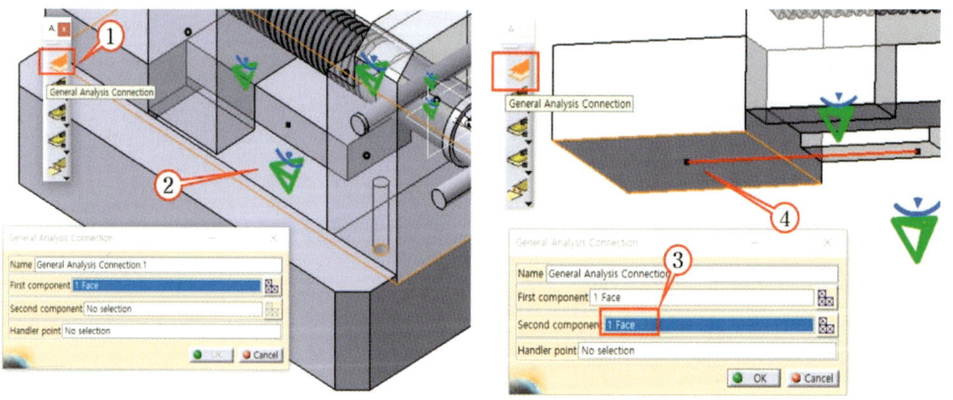

- 동일한 방법으로 Guide 상면(②)과 Slider 바닥면(④) → Slider 내경부와 Shaft 외경부 → Shaft 외경부와 Support 내경부 → Support 바닥면과 Base 상면을 연결(Connection)한다.

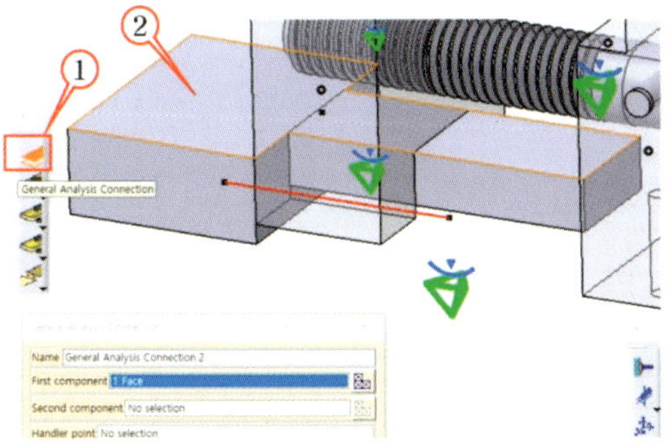

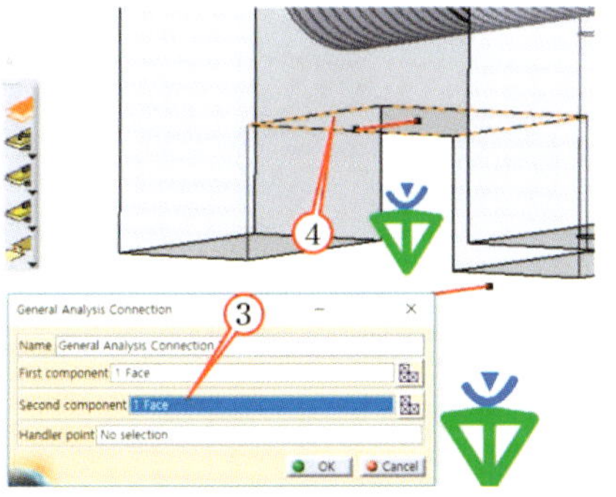

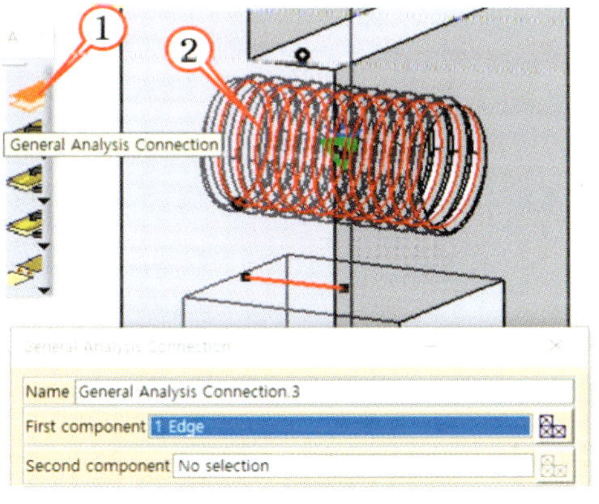

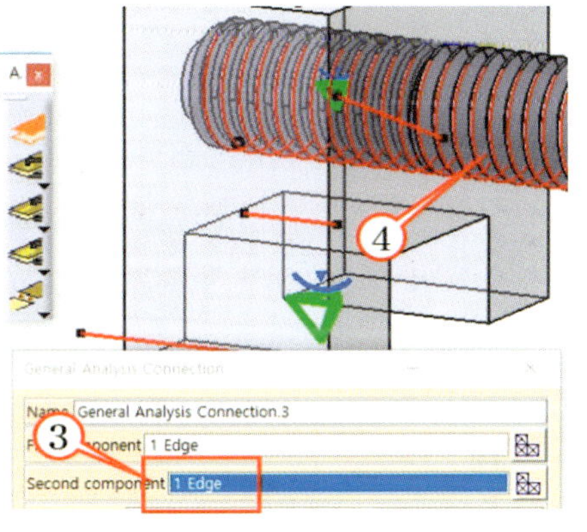

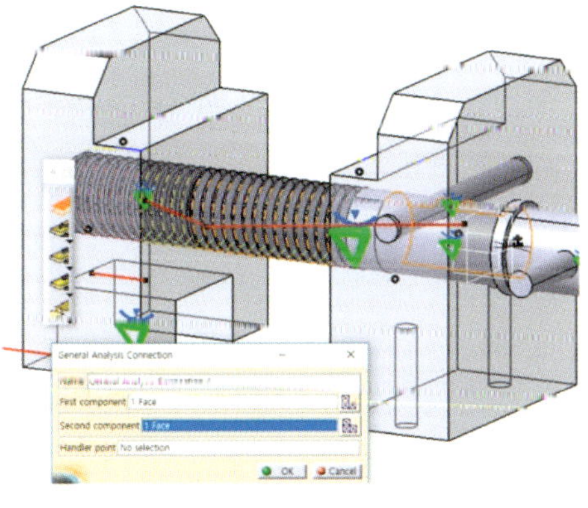

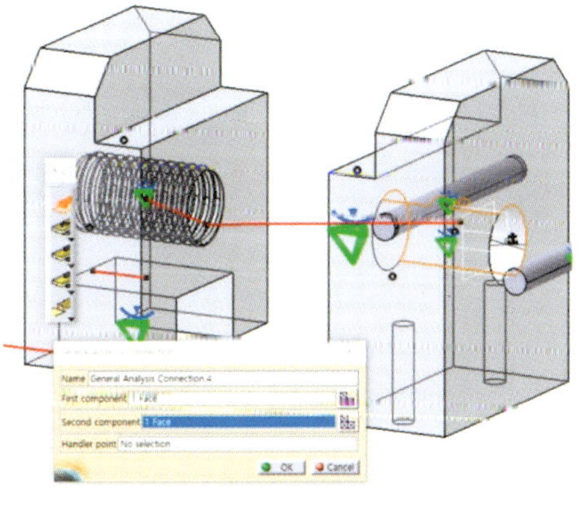

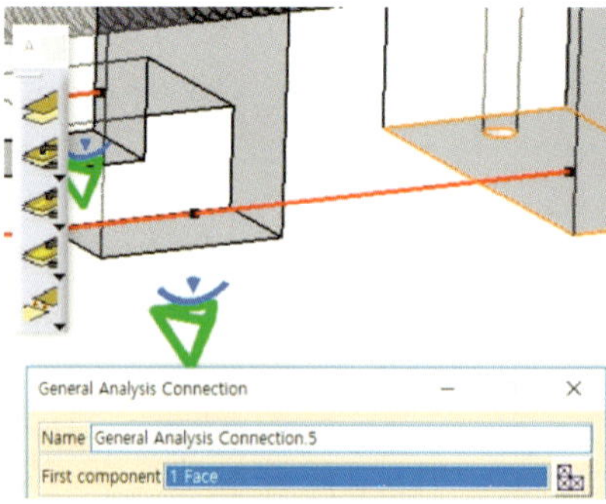

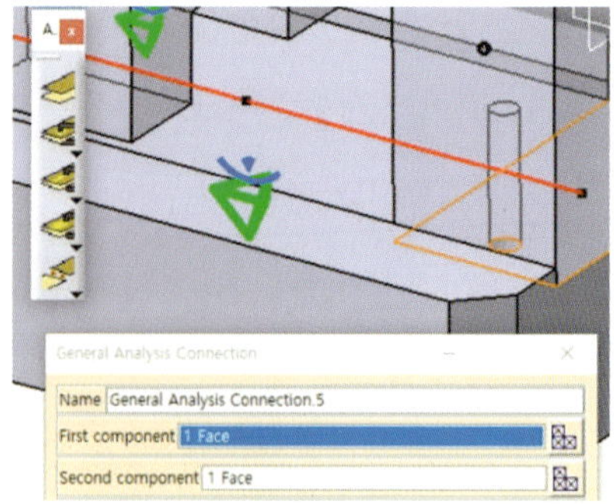

● Fastened Connection Property(①)를 클릭하여 생성한 Connection들을 트리에서 선택한다.

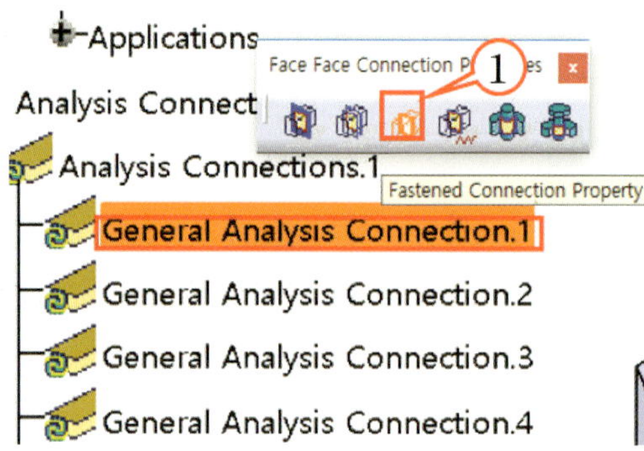

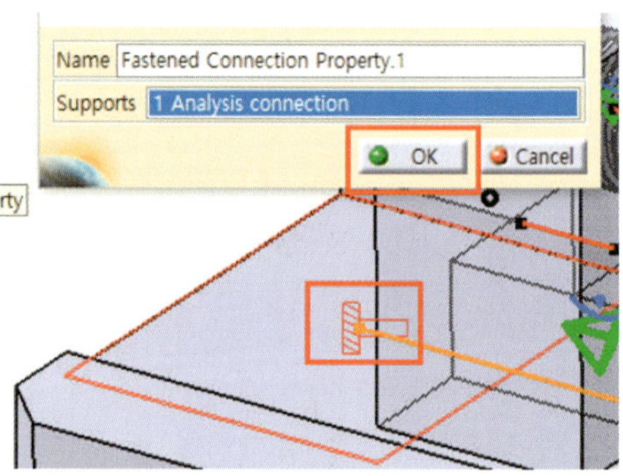

- Clamp(①)를 클릭하고 Base 바닥면(②)을 선택한다. → 동일한 방법으로 Clamp 아이콘을 클릭하여 Guide 우측면(③)과 Shaft 원통면(④)을 선택한다.

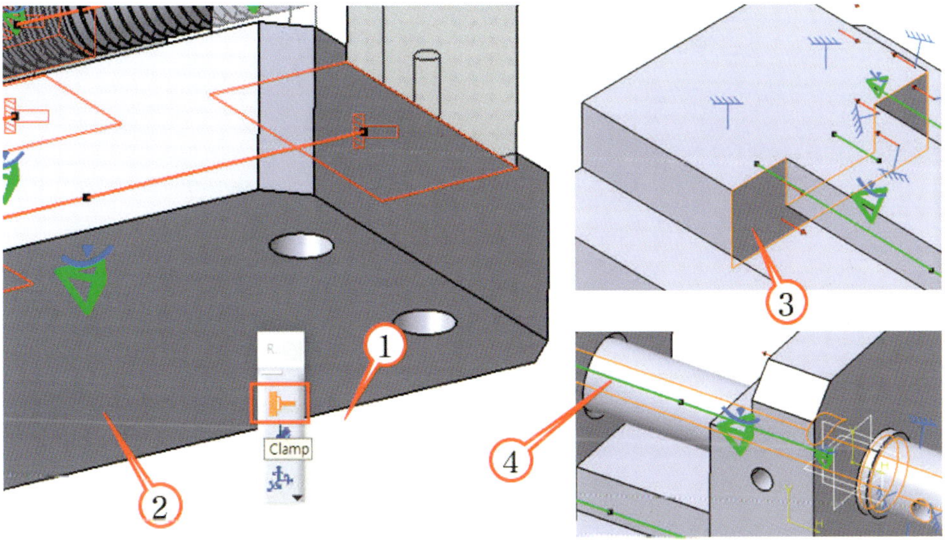

- Distributed Force(①)를 클릭하고 ②번 면(고정조의 제품 밀착면)을 선택하여 -1510.2N(③)을 입력하고 ④번 면(이동조의 제품 밀착면)을 선택하여 1510.2N을 입력한다. → ⑤번 면(샤프트 원통면)을 선택하여 -3901.3N을 입력한다. → ⑥번 면(가이드 우측면)을 선택하여 2391.1N을 입력한다.

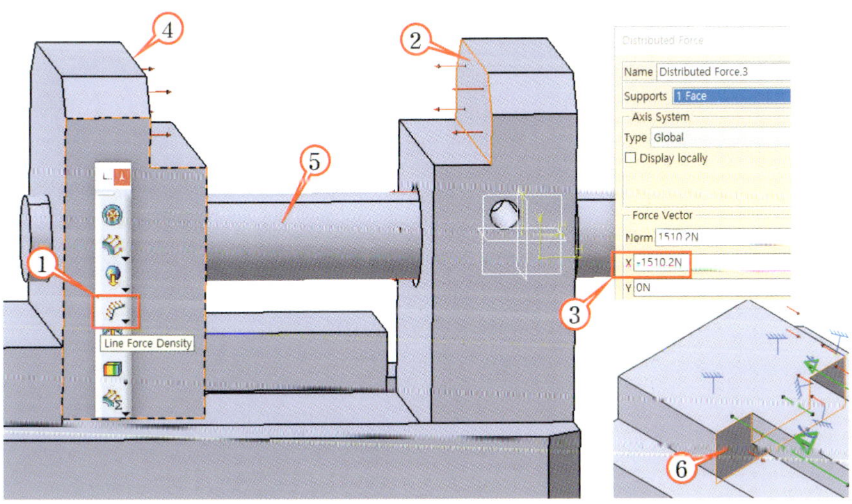

- Compute(①)를 클릭하여 계산한다.

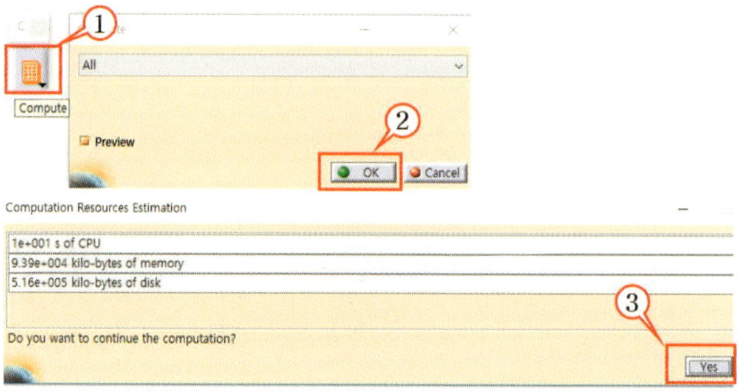

- Shading with Material( )로 한다. → Von Mises Stress(①)를 클릭하여 응력을 해석한 결과 최대 48.7MPa(②)로 나타났다.

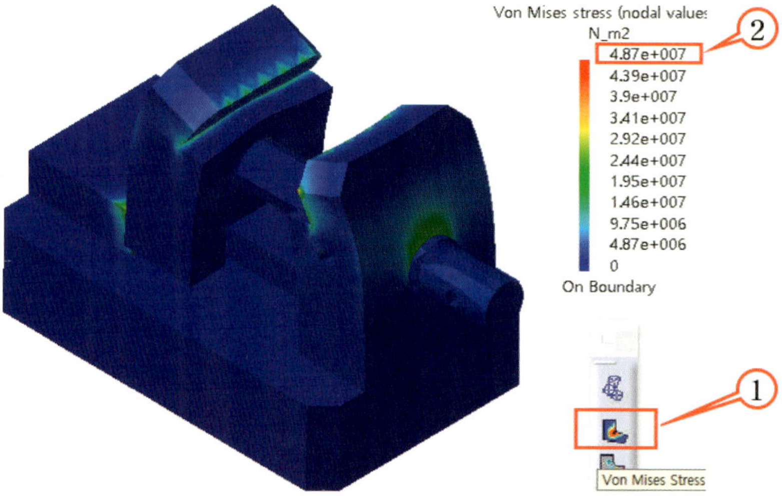

- Displacement(①)를 클릭하여 변형량을 해석한 결과 최대 0.00268mm(②)로 나타났다.

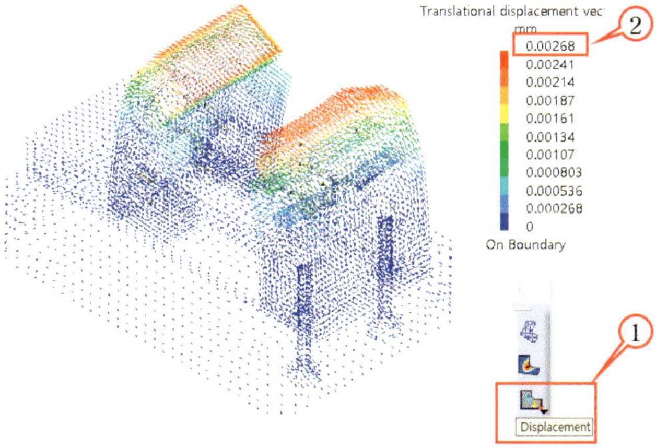

- Animate를 실행한다.

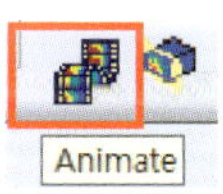

- Generate Report(①)를 클릭하여 보고서를 생성한다. → ②를 체크한다. → ③과 같이 응력 해석, ④와 같이 변형량 해석 보고서를 확인한다.

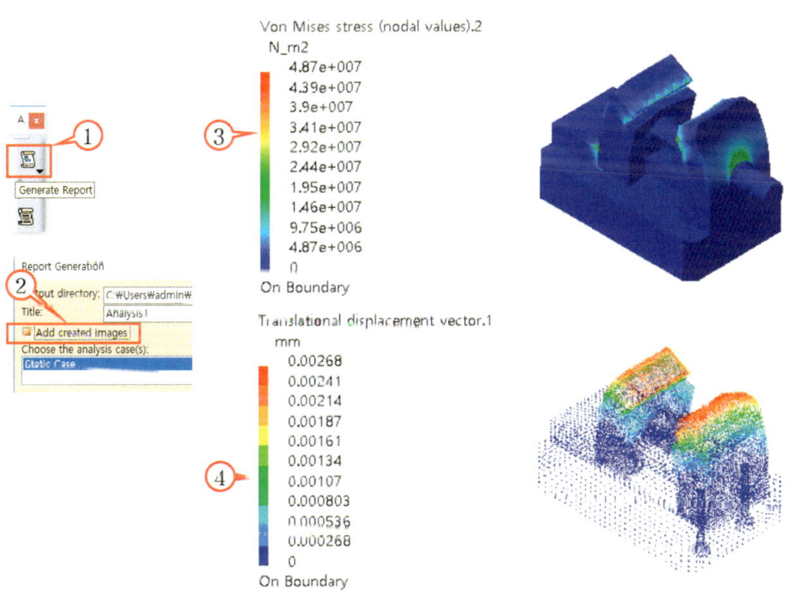

3) 이론과 해석 결과 비교

이론적인 계산값과 FEM에 의한 구조 해석 값을 비교한 결과 아래와 같이 응력은 7.5%, 변형량은 0.0003mm 오차를 나타냈으며 안전도는 7로 평가되었다.

- 비교 결과

$$\sigma_{ana} = 48.7MPa$$
$$E_{\sigma}(\%) = \frac{|\sigma_{th} - \sigma_{ana}|}{\sigma_{th}} = \frac{|52.63 - 48.7|}{52.63} = 7.5\%$$

$$\delta_{ana} = 0.0027mm$$
$$E_{\delta} = \delta_{th} - \delta_{ana} = |0.003 - 0.0027| = 0.0003mm$$

순번	항목	이론값	해석 값	오차
1	응력, $\sigma_{\max}$	$52.63MPa$	$48.7MPa$	7.5%
2	변형량, $\delta_{\max}$	$0.003mm$	$0.0027mm$	$0.0003mm$

- 안전도 평가

$$S = \frac{\sigma_u}{\sigma_{\max}} = \frac{343}{48.7} = 7$$

[참고 문헌]

1. http://www.q-net.or.kr
2. https://en.wikipedia.org/wiki/
3. https://www.twspindle.com/
4. https://www.eleparts.co.kr/
5. https://commons.wikimedia.org/wiki/File:Collection_of_air_bearings_from_Specialty_Components.jpg
6. https://www.devicemart.co.kr
7. https://www.da-yi.com.tw/
8. https://www.bellevillesprings.com/
9. Hwang, J. D. and Hyun, C. H., "Structural Analysis of Outer Gear and Outer Pulley Type Power Transmission Device", Proceedings of the KSMPE Spring Conference 2021.
10. Kim, S. H. and Hwang, J. D., "Structural Analysis of Inner Gear and Outer Pulley Type Power Transmission Device", Proceedings of the KSMPE Spring Conference 2021.
11. Hwang, J. D., "Theoretical and Analytical Approaches to Vise Design", Proceedings of the KSMPE Spring Conference 2021.
12. Hwang, S. W. and Hwang, J. D., "Structural Analysis of Outer Sprocket Type Power Transmission Device", Proceedings of the KSMPE Spring Conference 2021.
13. 홍장표, 기계설계 이론과 실제, 교보문고
14. 한홍걸, 기계설계, 예문사
15. 다솔기계설계교육연구소, KS규격집 기계설계, 예문사
16. 국가자격시험연구회, 컴퓨터응용가공 산업기사 문제해설, 일진사
17. 정영식, 컴퓨터응용가공 산업기사 필기, 세진북스
18. 정연택, 컴퓨터응용가공 산업기사 필기, 건기원

■ 저자

황종대(한국폴리텍대학, 교수)

■ 감수

박종규(국립창원대학교, 교수)
이상태(한국폴리텍대학, 교수)
박수천(대한민국 명장, 기계설계 부문)

실무 중심 [공학과 기술 시리즈 III]

기계설계 기술

2021년 8월 20일 1판 1쇄 인 쇄
2021년 8월 25일 1판 1쇄 발 행

지은이 : 황 종 대

펴낸이 : 박 정 태

펴낸곳 : **광 문 각**

10881
파주시 파주출판문화도시 광인사길 161
광문각 B/D 4층
등 록 : 1991. 5. 31 제12-484호
전화(代) : 031) 955-8787
팩 스 : 031) 955-3730
E-mail : kwangmk7@hanmail.net
홈페이지 : www.kwangmoonkag.co.kr

• ISBN : 978-89-7093-533-1 93550

값 18,000원

한국과학기술출판협회회원

※ 교재와 관련된 자료는 광문각 홈페이지(www.kwangmoonkag.co.kr) 자료실에서 다운로드 할 수 있습니다.